7th edition

전기전자공학개론

전기전자공학 교재개발연구회

Basic Electrical & Electronic Engineering

청구문화사

머리말

전기전자공학 분야는 기원전 600년경에 그리스의 수학자이며 천문학자이고 철학자인 탈레스(Thales)가 호박(Amber)을 이용한 마찰전기를 발견한 이래 산업혁명과 세계화, 정보화 추세에 부응하여 괄목한 만한 발전과 성장을 거듭해 오고 있다. 특히 오늘날 우리 사회는 국민 소득이 높아지면서 점차로 Well-being의 삶을 요구하는 목소리가 점차 높아져가고 있고 이와 더불어 의료분야와 관련된 장치와 기구들이 초 정밀화, 고 기능화, 최첨단 과학기술이 접목되는 중요한 분야로 자리매김하고 있다.

이러한 고기능의 최첨단 장치들을 활용하고 운용하기 위해서는 전기(電氣), 전자(電子)분야에 대한 기초적인 지식들과 부품들의 동작원리, 기능 등을 정확히 이해하고 있어야 한다. 그러나 전기전자이론은 눈으로 보이지 않는 전자의 미시적 거동까지 설명하고 이해하여야 하는 이유로 학생들이 학습하는데 어려움을 갖고 있는 것이 주지의 사실이다.

따라서 전기전자 분야의 필수적인 용어를 중심으로 알기 쉽게 설명하여 보다 이해를 돕고, 의료과학기술 전공분야의 충실한 기초실력을 다지기 위해 현장에서 강의를 전담하던 교수들이 그간의 강의 경험과 준비했던 자료로 2002년에 초판을 출간하였으며 그간의 미비함을 보완하여 여러 차례에 걸쳐 개정판을 출간하게 되었다.

본 교재에서는 의료과학기술분야를 전공하는 학생들이 전공분야를 쉽게 접근하고 이해할 수 있도록 강의 계획에 부합하도록 전체적인 구성을 달리하였으며 각 장의 학습목표를 보완하여 책 한 권으로 전공분야의 전반적 지식의 습득을 할 수 있도록 내용을 추가로 정리하여 삽입하였다. 아울러 전체적인 그림을 Color로 새로 그려 이해를 돕도록 하였다.

최선을 다해 수정·보완하였으나 늘 부족하고 미흡한 마음이다. 이러한 점들은 앞으로 여러 선배 제현들의 지도편달을 받아 보완해 나갈 것을 다짐하며 부디 이 작은 책자가 의료과학기술 분야를 공부하는 학생들과 많은 분들에게 도움이 되길 바라는 바이다.

이번 제6판 작업에 바쁜 시간을 할애하여 노고를 아끼지 않으신 김창규, 이석재, 예수영, 제재용 교수님의 헌신에 깊은 감사를 드리며 출판을 맡아 수고하신 청구문화사 이상태 사장님과 바쁜 일정에도 끝까지 인내해준 임직원 여러분에게도 고마움을 전한다.

2025년 새봄

저자대표 안봉선 識

목 차

제3장 자기

제4장 교류

제5장 전기회로의 과도현상

제6장 변압기와 절연 파괴

제7장 전기계측

제8장 전자전기재료

제9장 전자관

제10장 반도체

제11장 반도체 소자

제 1 장

직류

Direct Current

1 물질과 전하
2 전류
3 전압과 기전력
4 전기저항
5 옴의 법칙
6 직류회로

제 1 장

직류

학습목표	중심단어
1 도전현상 및 전하, 전류, 전압을 설명한다. (A)	도전현상, 전압, 전류
2 전기저항, 옴의 법칙 및 저항의 접속을 설명한다. (A)	저항, 옴의 법칙
3 전력을 설명한다. (A)	전력
4 주울의 법칙을 설명한다. (A)	주울의 법칙
5 키르히호프의 법칙을 설명한다. (A)	키르히호프의 법칙
6 전지의 직렬, 병렬접속시 전기특성을 설명할 수 있다. (B)	전지접속
7 휘스톤브릿지(Wheatstone bridge)원리를 설명할 수 있다. (B)	휘스톤브릿지
8 부하의 전압, 전류 측정방법을 설명한다. (A)	전압계, 전류계, 배율기, 분류기

1. 물질과 전하

전기를 이해하려면 우선 물질의 구조를 알아야 한다. 모든 물질들은 미소한 **원자**로 이루어져 있고, 이들 원자는 그림 1-1과 같이 **원자핵**과 그 주위를 회전하는 (-)전기를 가진 **전자**(electron)로 구성되어 있으며, 원자핵은 (+)전기를 가지고 있는 **양성자**(proton)와 전기적으로 중성인 **중성자**(neutron)로 구성되어 있다.

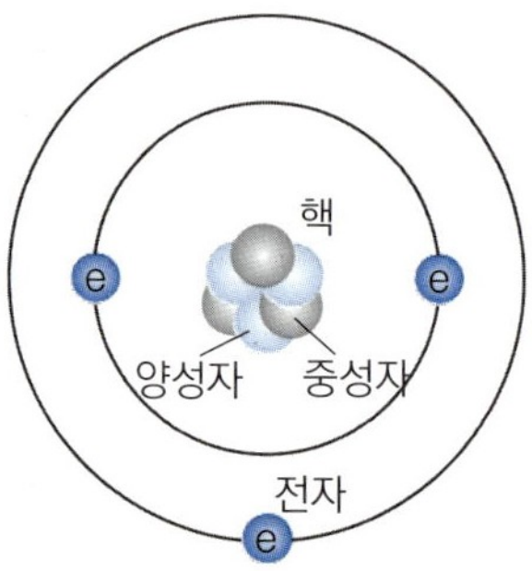

그림 1-1 리튬 원자의 구조

원자의 성질은 이들 전자, 양성자, 중성자의 수 등으로 결정된다. 양성자의 질량은 1.673×10^{-27}[kg]이고 전자의 질량은 9.109×10^{-31}[kg]이며 중성자의 질량은 양성자와 거의 같다. 전자의 수는 양성자의 수와 같고 원자번호와 같으므로 물질은 보통 상태에서는 전기적으로 중성이다.

물질 중의 전자는 원자핵을 중심으로 일정한 궤도를 공전하는데 어떤 원인(힘)으로 전자가 물질 밖으로 나가든가, 물질 밖에서 들어올 때 물질은 중성상태를 벗어나게 된다.

물질 중에서 자유전자의 이동으로 자유전자가 물질 밖으로 나가면 이 물질은 양성자(+)의 수가 전자(-)의 수보다 많아져서 (+)전기를 띄게 되고, 물질 밖에서 자유전자가 들어오면 전자(-)의 수가 양성자(+)의 수보다 많아져서 (-)전기를 띄게 된다. 이와 같이 물질이 자유전자의 이동에 의하여 양성자와 전자의 수가 다르게 되어 전기를 띄게 되는 것을 **대전**(electrification)되었다고 하며 대전된 전기를 **전하**(electric charge)라고 한다.

전하에는 (+)전기를 갖는 양전하와 (-)전기를 갖는 음전하의 두 가지가 있으며, 전하가 가지고 있는 전기의 양을 **전기량**(quantity of electricity) 또는 **전하량**이라 하고, 단위로는 **쿨롱**(Coulomb, 기호 C)을 사용한다.

양성자 1개의 전기량은 $+1.6\times10^{-19}$[C]이며 전자 1개의 전기량은 -1.6×10^{-19}[C]이므로 1[C]은 $\frac{1}{1.6\times10^{-19}}=6.25\times10^{18}$개의 전자가 모여 생기는 전기량이다.

2. 전류

전자의 존재가 밝혀지기 전까지는 전류에 대하여 잘 몰랐었는데 1897년 영국의 톰슨이 전자의 흐름이 전류라는 것을 증명하였다.

(+)로 대전된 물체 A와 (-)로 대전된 물체 B를 그림 1-2와 같이 금속으로 이어주면 (-)의 전하는 A로 이동하고 (+)의 전하는 B로 이동하여 중화된다. 이와 같은 전하의 이동을 **전류**라 한다. 전류의 방향은 (+)전하가 흐르는 방향으로, 즉 (+)극에서 (-)극으로 흐른다고 예전부터 약속하고 있다. 이는 전자가 발견되기 전에 정한 것으로 전류는 전자의 흐름과 반대로 흐른다고 해도 별 지장이 없기 때문에 오늘날까지 그대로 두고 있다.

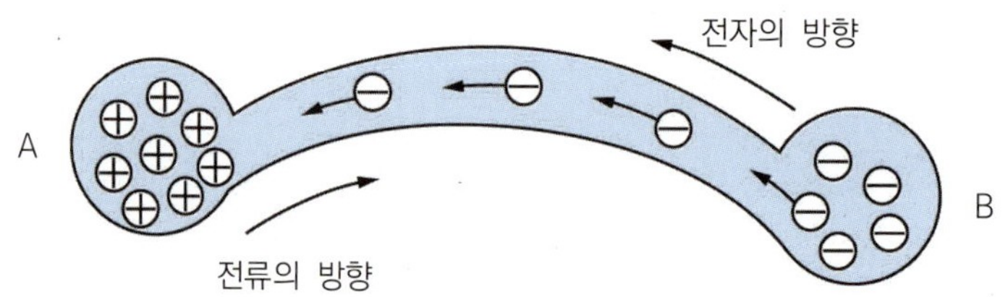

그림 1-2 전류와 전자의 방향

전류의 크기는 단위시간 동안에 도체를 통과하는 전기량으로 나타내며, 단위는 **암페어**(Ampere, 기호 A)를 사용하고 밀리암페어[mA], 마이크로암페어[μA]도 많이 사용하고 있다.

1초 동안에 1[C]의 전기량이 이동하면 1[A]라 하며 6.25×10^{18}개의 전자가 이동한 것이다. 따라서 도체의 단면을 t초 동안에 Q[C]의 전하가 이동하면 흐르는 전류 I[A]는 다음 식과 같다.

$$I = \frac{Q}{t} [A] \qquad (1-1)$$

3. 전압과 기전력

자유전자를 이동시켜 전류를 흐르게 하는 능력을 전압이라고 한다. 전류가 흐르는 원리와 물이 흐르는 원리는 같기 때문에 먼저 물의 경우를 생각해보자.

그림 1-3에서 개폐기를 열면 물의 높이가 높은 A에서 높이가 낮은 B로 물이 흐르는데 이는 물의 높이의 차이, 즉 수위차에 의한 것이다. 수위차가 클수록 압력(수압)도 커져서 물이 잘 흐르게 된다. 이것을 전기에 비유하면 수위차에 해당하는 것이 **전위차**(potential difference)이고 수압은 **전압**(voltage)에 해당한다. 수위차가 클수록 수압이 커지듯이 전기에서도 전위차가 클 때 전압이 커지기 때문에 전위차와 전압은 같다.

물은 항상 수압이 높은 쪽에서 낮은 쪽으로 흐르며, 수위차가 0이 될 때까지 계속되는 것처럼 전류도 전위가 높은 (+)에서 낮은 (-)로 흐르며 전위차가 0이 될 경우에 전류는 흐르지 않는다. 그러므로 전류를 계속 흐르게 하려면 항상 전위차가 유지되도록 하는 힘이 있어야 한다. 이 전위차를 만들어 내는 힘을 **기전력**(electromotive force)이라 하며 이 기전력을 일으키는 전지나 발전기와 같은 장치를 **전원**(power source)이라 하고 전열기, 전등, 전동기와 같이 전기를 사용하여 일을 하는 기계를 **부하**(load)라고 한다. 전위, 전위차, 기전력의 단위로는 **볼트**(volt, 기호 V)를 사용하며 킬로볼트(kV), 밀리볼트(mV), 마이크로볼트(μV)도 사용한다.

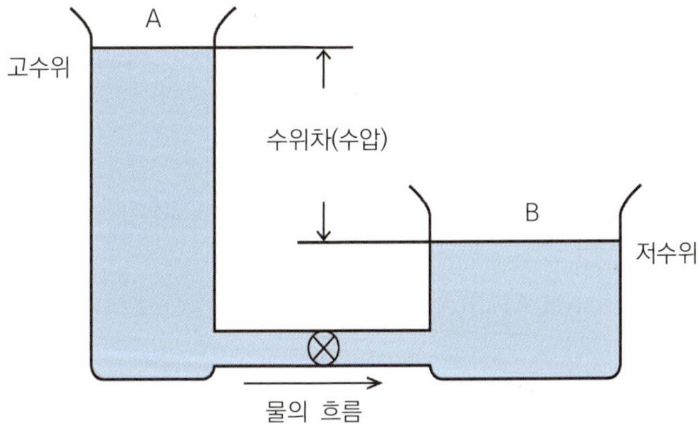

그림 1-3 수위차와 물의 흐름

1[V]는 1[C]의 전하가 두 점 사이를 이동해서 1[J]의 일을 하는 전위차이다. 따라서, Q[C]의 전하가 이동해서 W[J]의 일을 행한다면, 이때 전위차 V[V]는

$$V = \frac{W}{Q}\,[V] \tag{1-2}$$

가 된다.

4. 전기저항

1) 전기저항

전기저항이란 전류의 흐름을 방해하는 요소이다. 금속 도체의 경우, 도체 내에서는 금속 원자 사이를 자유전자가 이동함으로써 전류가 흐르는데 전자가 원자와 충돌하면 에너지가 열이 되어 소멸되고 소멸된 만큼 이동속도가 둔해진다. 이것을 **전기저항** 또는 **저항**(resistance)이라 한다. 전기저항이 작아 전류가 잘 통하는 물질을 **도체** 또는 **도전체**(conductor), 저항이 커서 전류가 잘 통하지 않는 물질을 **부도체**(nonconductor) 또는 **절연체**, 그 중간의 물질을 **반도체**(semiconductor)라 한다.

a) 고정저항

b) 가변저항

그림 1-4 저항의 기호

어떤 금속의 경우 초저온이 되면 저항이 0이 되는데 이 현상을 **초전도**(superconductivity)현상이라 한다. 1[V]의 전압을 가했을 때 1[A]의 전류가 흐르는 저항을 1[Ω]이라 한다. 저항의 단위로는 옴(Ohm, 기호 Ω)을 사용하며 메가옴(MΩ), 킬로옴(kΩ)도 사용한다.

「도체의 저항은 길이에 비례하고 단면적에 반비례한다.」 따라서 단면적을 S[m^2], 길이를 ℓ [m]이라 하면 저항 R[Ω]은

$$R = \rho \frac{\ell}{S} [\Omega] \qquad (1-3)$$

이다.

여기서, ρ는 비례상수인데, 물질의 단면적 S[m^2], 길이 ℓ [m]의 임의의 도체 양면 사이의 저항값이며, 이것을 **저항률**(resistivity) 또는 **고유저항**(specific resistance)이라 하며, 재질과 온도에 의하여 달라지는 물질 고유의 정수이다. 고유저항의 단위는 [Ω · m]를 사용한다. ρ[Ω · m]는 도체의 단면적이 S[m^2], 길이 ℓ [m]일 때의 고유저항이다. 그러나 실제 사용되는 전선 등에서는 길이 ℓ [m], 단면적 S[mm^2]를 기준으로 해서 고유저항을 [Ω · mm^2/m] 또는 [μΩ · m]로 나타낸다. 전류가 흐르기 쉬운 정도를 나타내기 위해 저항의 역수를 사용하는데 이것을 **컨덕턴스**(conductance, 기호 G)라 하며 단위로는 **모오**(mho, 기호 ℧)를 사용한다. 단면적이 S[m^2], 길이가 ℓ [m]인 도체의 컨덕턴스를 **도전율**(conductivity, 기호 k)이라 하며 고유저항과 역수관계이다. 그러므로 컨덕턴스 G와 도전율 K는

$$G = \frac{1}{R} [℧], \qquad K = \frac{1}{\rho} [℧/m] \qquad (1-4)$$

이다.

도선의 도전율을 비교하기 위하여 국제표준연동의 도전율을 100%로 하여 각 재료의 도전율을 %로 나타내는 **%도전율**(percentage conductivity)을 사용한다.

$$\%\text{도전율} = \frac{\text{임의의 도선의 도전율}}{\text{국제표준연동의 도전율}} \times 100[\%] \qquad (1-5)$$

2) 저항의 온도계수

물질의 저항은 온도에 따라 변화하는데 일반적으로 금속은 온도가 높아지면 저항이 증가하고, 반도체는 반대로 온도가 올라갈수록 저항이 감소한다. 온도가 1[℃] 증가할 때 저항이 변화하는 비율을 저항의 **온도계수**(temperature coefficient)라 한다.

그림 1-5와 같이 어떤 물체의 저항이 t_1[℃]일 때 R_1[Ω], t_2[℃]일 때 R_2[Ω]라 하면, 온도가 t_2-t_1[℃] 상승함에 따른 저항의 증가는 R_2-R_1[Ω]이며, 1[℃] 마다 저항증가는 $\frac{R_2-R_1}{t_2-t_1}$[Ω/℃]이 된다. 저항 R_1[Ω]에 대한 매 1[℃]의 저항변화비율을 α라 하면, α는 다음과 같이 된다.

$$\alpha = \frac{\frac{R_2-R_1}{t_2-t_1}}{R_1}\ [1/℃] \qquad (1\text{-}6)$$

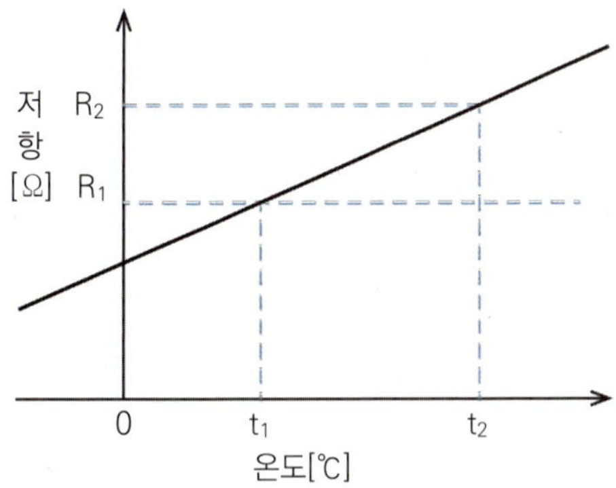

그림 1-5 온도와 금속의 저항변화

이 α의 값을 온도 t_1[℃]에서의 저항의 온도계수라 한다.

식 (1-6)으로부터 R_2[Ω]를 구하면

$$R_2 = R_1\{1+\alpha(t_2-t_1)\}\ [\Omega] \qquad (1\text{-}7)$$

또 0[℃]에서 어떤 물체의 저항을 R_0[Ω], t[℃]에서의 저항을 R_t[Ω]라 하면

$$R_t = R_0(1+\alpha_0 t)\ [\Omega] \qquad (1\text{-}8)$$

이 된다.

기준온도로는 0[℃] 또는 20[℃]를 사용하며 온도가 상승함에 따라 저항이 감소되는 물질의 온도계수는 음(-)의 값을 가지게 된다. 표준 연동의 온도계수는 0[℃]에서 $\frac{1}{234.5}$[1/℃]이며 다른 금속의 고유저항과 온도계수를 표 1-1에 나타내었다.

표 1-1 금속의 고유저항, %도전율, 온도계수(20℃)

물 질	고유저항(μΩ · cm)	% 도전율	온도계수
은	1.585	109	0.00405
순 동	1.7241	100	0.00393
경 동 선	1.7774	97	0.00381
알 미 늄	2.733	63.3	0.0042
니 켈	7.5	23.1	0.0054
니 크 롬	109.0	1.57	0.00019

3) 특수한 저항

(1) 절연저항

일반적으로 절연체라 할지라도 약간의 전류가 흐르는데 이 전류를 **누설전류**(leakage current)라 한다.

즉, 절대적인 절연체는 없는 것이며 다만 그 저항값이 도체에 비하여 상대적으로 클 뿐이다. 절연체의 저항을 **절연저항**(insulation resistance)이라 하며 금속도체의 저항과 달리 가해진 전압에 따라 그 값이 변하며 습기, 먼지, 불순물이 있을 경우 그 값이 크게 변화한다.

절연체의 온도계수는 일반적으로 음(-)이므로 온도가 높아지면 절연저항은 감소하는 것이 보통이다. 절연저항의 단위는 옴의 10^6배인 메가옴[MΩ]을 사용한다. 절연체의 저항율(고유저항)의 예를 표 1-2에 표시한다.

(2) 접촉저항

스위치(switch)나 전선이 접촉하거나 도체가 접촉하고 있는 부분에 전류가 흐르면 어느 정도의 전압강하와 열이 발생한다. 이는 접촉부분에 저항이 있는 것을 알 수 있으며, 이 저항을 **접촉저항**(contact resistance)이라 하며 도체의 종류, 접촉압력, 접촉면적, 산화피막의 유무 및 전류밀도 등에 따라 다르나 보통 0.1[Ω] 이하이다.

표 1-2 절연체의 저항율

물 질	저항율[Ω · m]
운모	10^{15} 이상
에보나이트	10^{13}~10^{16}
고무	10^{13}~10^{14}
자기	10^{10}~10^{12}
나일론	10^{10}~10^{13}
염화비닐	10^{14} 이상
실리콘유	10^{12} 이상
대리석	10^{5}~10^{12}
요소수지	10^{13} 이상

(3) 접지저항

지구는 하나의 큰 도체이다. 이의 전위를 0으로 하면 전기를 가진 물체와 지구를 도체로서 접촉하면 물체의 전위를 0으로 할 수 있다. 이와 같이 도체를 대지에 연결한 것을 **접지**(earth)라 한다. 사람이 전기기기에 감전이 되지 않는 것은 기기를 접지시킨 때문이며 피뢰침을 접지하기 위해 금속판 및 금속봉을 땅속에 묻는다. 이들 접지판과 대지간에 있는 저항을 **접지저항**(earthing resistance)이라 한다. 접지저항은 습기가 많은 곳에서는 작으며 접지공사는 전기설비의 기술 기준에 따라 행하여야 한다.

5. 옴의 법칙

「도체에 흐르는 전류는 이 도체에 가한 전압에 비례하고 전기저항에 반비례한다.」 이것은 1827년 독일의 물리학자 옴이 발견한 법칙으로 **옴의 법칙**(Ohm's law)이라고 한다. 도체에 가한 전압을 V[V], 저항을 R[Ω], 전류를 I[A]라 하면 옴의 법칙은 다음 식과 같이 된다.

$$I = \frac{V}{R}\,[A] \tag{1-9}$$

이것을 변형하여

$$V = R \cdot I\,[V] \tag{1-10}$$

$$R = \frac{V}{I}\,[\Omega] \tag{1-11}$$

가 된다.

6. 직류회로

1) 저항의 접속법

저항의 접속에는 2개 이상의 저항이 차례로 이어져서 회로의 전 전류가 각 저항을 순차적으로 흐르게 되는 **직렬접속**(series connection)과 2개 이상의 저항의 양단을 두 점에 이어 회로의 전 전류가 각 저항에 나뉘어 흐르게 되는 **병렬접속**(parallel connection)이 있으며 또 직렬과 병렬접속을 혼합한 **직·병렬접속**(series-parallel connection)이 있다.

(1) 저항의 직렬접속

그림 1-6과 같이 저항 R_1, R_2, R_3 를 직렬로 연결하여 V[V]의 전압을 가했을 때 I[A]의 전류가 흘렀다고 하면 이 전류는 어느 저항이나 동일하게 흐르며, 각 저항의 양단에는 **전압강하**(voltage drop) V_1, V_2, V_3 가 생긴다.

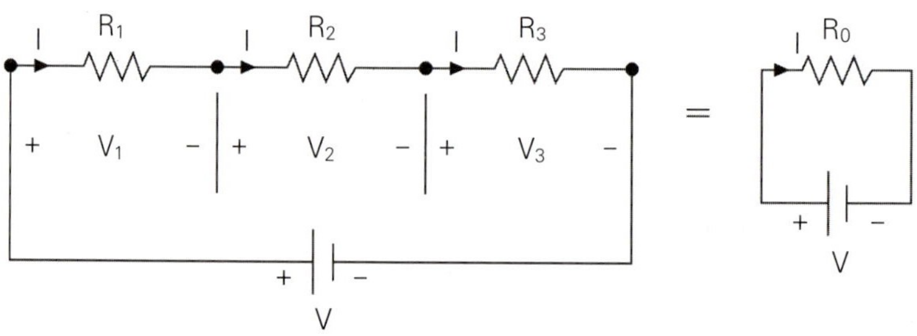

그림 1-6 저항의 직렬접속

그 크기는 $V_1 = R_1I[V]$, $V_2 = R_2I[V]$, $V_3 = R_3I[V]$로 되며 $V = V_1 + V_2 + V_3$이므로

$$V = R_1I + R_2I + R_3I = (R_1 + R_2 + R_3)I = R_0I \qquad (1-12)$$

그러므로 $R_0 = R_1 + R_2 + R_3$이며, 이때 R_0 는 R_1, R_2, R_3 의 직렬접속과 등가의 저항으로서 이것을 **합성저항**(combination resistance) 또는 **등가저항**이라 한다. 일반적으로 n개의 저항R_1, R_2, R_3, ……, R_n을 직렬접속하면 합성저항 R_0는

$$R_0 = R_1 + R_2 + R_3 + \cdots\cdots + R_n \, [\Omega] \qquad (1-13)$$

만일 동일한 크기인 R[Ω]의 저항 n개를 직렬접속하면 합성저항 R_0 는

$$R_0 = nR[\Omega] \tag{1-14}$$

이 된다.

(2) 저항의 병렬접속

그림 1-7과 같이 저항 R_1, R_2, R_3 를 병렬로 연결하여 V[V]의 전압을 가했을 때 각 저항의 양단에 걸리는 전압은 같으므로 각 저항에 흐르는 전류 I_1, I_2, I_3 가 다르게 된다.

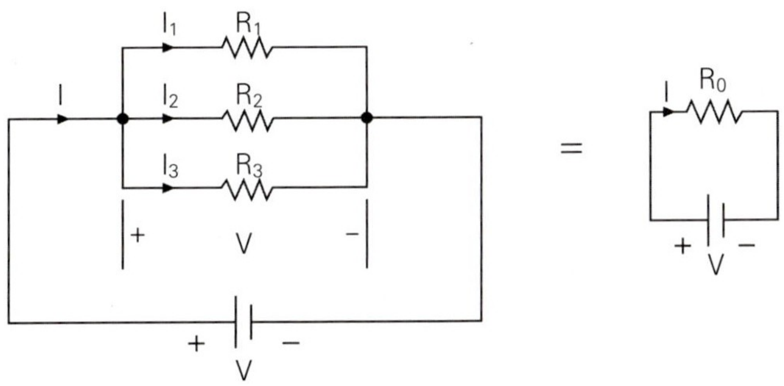

그림 1-7 저항의 병렬접속

각 저항에 흐르는 전류는 옴의 법칙에 의하여 $I_1 = \frac{V}{R_1}$[A], $I_2 = \frac{V}{R_2}$[A], $I_3 = \frac{V}{R_3}$[A]이며, $I = I_1 + I_2 + I_3$ 이므로

$$I = \frac{V}{R_1} + \frac{V}{R_2} + \frac{V}{R_3} = \left(\frac{1}{R_1} + \frac{1}{R_2} + \frac{1}{R_3}\right)V = \frac{1}{R_0}V \tag{1-15}$$

그러므로 합성저항 R_0 는 다음과 같이 된다.

$$R_0 = \frac{1}{\frac{1}{R_1} + \frac{1}{R_2} + \frac{1}{R_3}} \ [\Omega]$$

일반적으로 n개의 저항 R_1, R_2, R_3, ……, R_n을 병렬접속하면 합성저항 R_0는

$$R_0 = \frac{1}{\frac{1}{R_1} + \frac{1}{R_2} + \frac{1}{R_3} + \cdots\cdots + \frac{1}{R_n}} \ [\Omega] \tag{1-16}$$

또한 2개의 저항 R_1과 R_2만을 병렬접속 하였을 때 합성저항 R_0는 다음과 같다.

$$R_0 = \frac{R_1 \cdot R_2}{R_1 + R_2} [\Omega] \tag{1-17}$$

만일 동일한 크기인 R[Ω]의 저항 n개를 병렬접속하면 합성저항 R_0는

$$R_0 = \frac{R}{n} [\Omega] \tag{1-18}$$

이 된다.

(3) 저항의 직·병렬접속

그림 1-8과 같이 직렬접속과 병렬접속을 섞어서 접속한 경우를 직·병렬접속(series-parallel connection)이라 한다. 이 경우의 계산은 병렬접속의 합성저항을 먼저 계산한 후 직렬접속의 합성저항을 순차적으로 계산하면 된다.

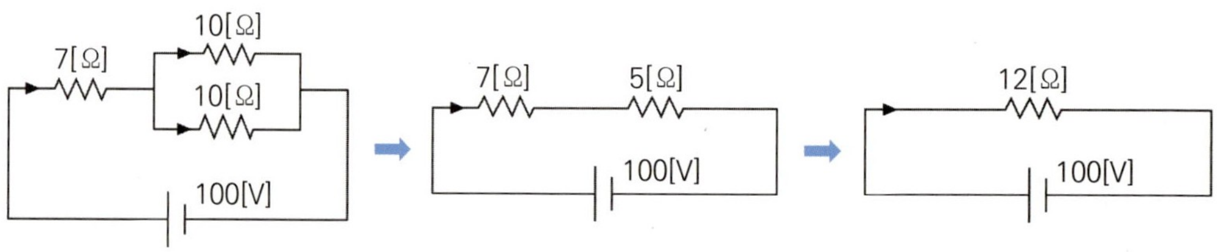

그림 1-8 직·병렬접속의 합성저항을 구하는 법

2) 저항에서의 전압강하

그림 1-9에서와 같이 저항 R_1, R_2, R_3의 직렬회로에 전압 V[V]의 전원을 접속하면 (+)쪽에서는 V[V] 만큼 전위가 올라가나, 각 저항에 흐르고 있는 전류에 의하여 ab 사이에서는 $V_1 = R_1I$[V] 만큼 전위가 내려가고, 다시 cd 사이에서는 $V_2 = R_2I$[V] 만큼 내려가고, 다시 ef 사이에서는 $V_3 = R_3I$[V] 만큼 내려가서 f점에서의 전위는 0[V]가 된다.

이와 같이 저항에서 전위가 내려가는 것을 **전압강하**(voltage drop)라 하며, 각 저항 양단의 전압이 그 저항으로 인한 전압강하이다. 하나의 회로에서는 각 저항의 전압강하의 합과 전원전압은 같다. 어떤 전원에서 부하로 전기를 공급할 때는 배전선의 전압강하 때문에 부하에 가해지는 전압(부하전압)은 전원전압보다 낮아진다.

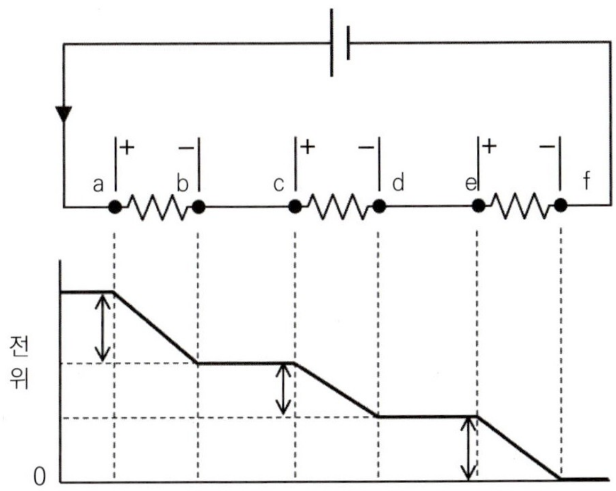

그림 1-9 전압강하

3) 전압의 분배

직렬회로에서 공급전압이 각 저항에 분배되는 전압은 각 저항의 크기에 비례한다. 그림 1-10과 같이 2개의 저항 R_1, R_2의 직렬회로에 전압 V_0를 인가하였을 때 각 저항에 걸리는 전압을 각각 V_1, V_2 라고 한다면 $I = \frac{V_1}{R_1} = \frac{V_2}{R_2} = \frac{V_0}{R_0}$ (R_0는 합성저항)가 되므로, 각 저항에 걸리는 전압은

$$V_1 = \frac{R_1}{R_0} \times V_0 = \frac{R_1}{R_1 + R_2} \times V_0 \ \text{[V]} \tag{1-19}$$

$$V_2 = \frac{R_2}{R_0} \times V_0 = \frac{R_2}{R_1 + R_2} \times V_0 \ \text{[V]} \tag{1-20}$$

가 된다.

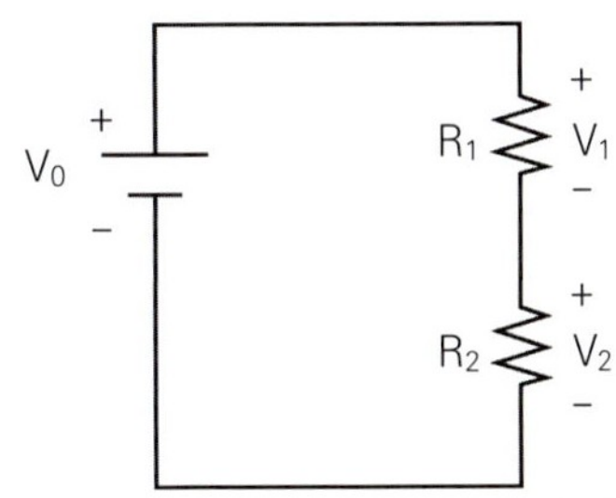

그림 1-10 전압의 분배

4) 전류의 분배

병렬회로의 각 저항에 분배되어 흐르는 전류는 각 저항의 크기에 반비례한다.

그림 1-11과 같이 2개의 저항 R_1, R_2의 병렬회로에 전압 V를 가했을 때 흐르는 전류를 각각 I_0, I_1, I_2라면 $V = I_1R_1 = I_2R_2 = I_0R_0$($R_0$는 합성저항)가 되므로 $I_1R_1 = I_0R_0$, $I_2R_2 = I_0R_0$이다. 따라서 각 저항에 흐르는 전류는

$$I_1 = \frac{R_0}{R_1} \times I_0 = \frac{R_2}{R_1 + R_2} \times I_0 \ [A] \quad (1-21)$$

$$I_2 = \frac{R_0}{R_2} \times I_0 = \frac{R_1}{R_1 + R_2} \times I_0 \ [A] \quad (1-22)$$

가 된다.

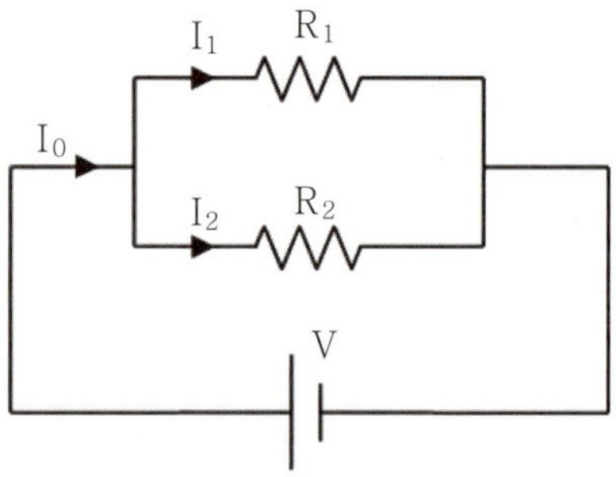

그림 1-11 전류의 분배

5) 전압계와 전류계의 접속

전압계(voltmeter, 기호 Ⓥ)와 **전류계**(ammeter 또는 amperemeter, 기호 Ⓐ)의 동작 원리는 대체로 비슷하다. 그러나 부하전압의 크기를 측정하기 위해서 전압계는 회로에 병렬로 접속시키고, 회로의 전류를 측정하기 위해서는 전류계를 직렬로 접속시킨다. 전압계는 내부에 감는 코일을 가는 선을 많이 감아 될 수 있는 한 내부저항을 크게 하여 수천 또는 수만 옴이므로 전압계에 흐르는 전류를 무시할 수 있으므로 전압계를 접속한 회로의 상태에는 변화가 없다.

반면 전류계의 코일은 굵은 선을 적게 감아 내부저항이 아주 적기 때문에 이것을 접속하여도 회로의 전류에는 아무런 영향이 없다. 직류회로의 경우 회로에 흐르는 전류를 측정하려면 전류계는 회로 중 어느 곳에나 접속하여도 좋다. 그러나 직류용 계기에는 (+), (-)가

있기 때문에 취급에 주의하여야 한다. 전압계가 지시하는 최대 눈금보다 더 큰 값의 전압을 측정하려면, 즉 전압계의 측정범위를 넓히기 위해서는 그림 1-12와 같이 전압계에 직렬로 저항을 접속한다.

이때 이 저항 R_m을 **배율기**(multiplier)라 한다. 그림 1-12에서 I는 회로에 흐르는 전류, r은 전압계의 내부저항, R_m은 배율기의 저항값, E는 측정하고자 하는 전압, V_m은 배율기 전압이라 하고 전압계가 가리키는 전압을 V라고 한다면, 다음의 관계가 성립한다.

$$E = V + V_m = I(r + R_m) = \frac{V}{r}(r + R_m) = V\left(1 + \frac{R_m}{r}\right) \qquad (1-23)$$

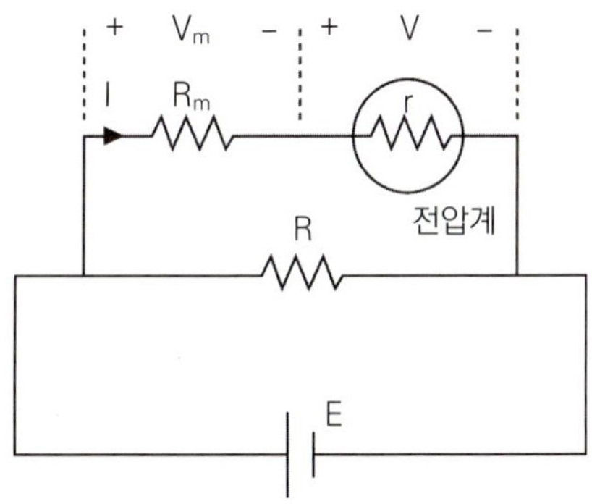

그림 1-12 배율기의 접속

따라서, 측정하고자 하는 전압은 전압계가 가리키는 전압 V의 $\left(1 + \frac{R_m}{r}\right)$배가 된다.

이 $\left(1 + \frac{R_m}{r}\right)$을 배율기의 배율(multiplying factor)이라 하며, R_m의 값에 따라 넓은 범위의 전압을 측정할 수 있으며, m배 확대를 위해서는 $(m-1) \times r$(전압계 내부 저항)이고 배율기는 전압계보다 높은 전압을 측정하기 위해서 측정하고자 하는 전압에 전압계의 전압을 뺀 전압을 배율기 저항이 부담하도록 하는 것이므로 전압계의 내부저항값에서 전체 배수에서 전압계 자신에서 1을 뺀 값을 곱하여 Rm(배율기의 저항값)을 결정하게 된다. 보통 낮은 전압을 재는 전압계는 그 내부에 접속하고, 높은 전압을 재는 것은 그 외부에 접속한다.

또 전류계의 측정범위를 넓히기 위해서는 그림 1-13과 같이 전류계에 병렬로 저항을 접속한다. 이 저항 R_S를 **분류기**(shunt)라 한다. 그림 1-13에서 r은 전류계의 내부저항, R_S는 분류기의 저항값, I는 전류계가 가리키는 전류, I_S는 분류기에 흐르는 전류, I_0는 측정하고자 하는 전류라 하면, 전류계와 분류기가 병렬로 접속되어 있어 전압강하가 같으므로 $I \cdot r = I_S$

· R_S이며, $I_S = I_0 - I$이므로

$$I \cdot r = (I_0 - I)R_S = I_0 \cdot R_S - I \cdot R_S$$

그러므로

$$I_0 = I \times \frac{r + R_S}{R_S} = I\left(1 + \frac{r}{R_S}\right) \tag{1-24}$$

가 된다.

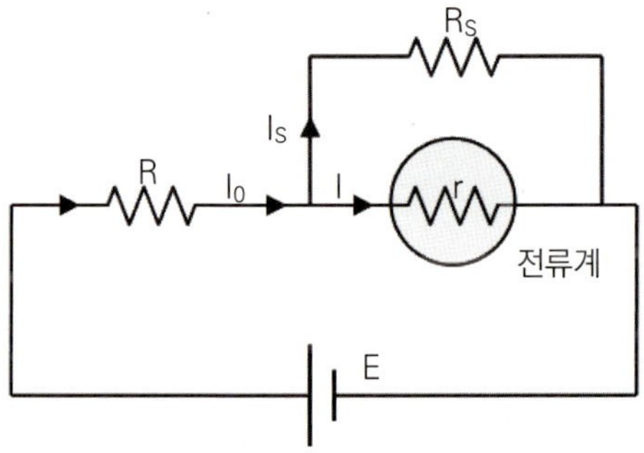

그림 1-13 분류기의 접속

따라서, 측정하고자 하는 전류 I_0는 전류계가 가리키는 전류 I의 $\left(1+\frac{r}{R_S}\right)$배가 된다. 이 $\left(1+\frac{r}{R_S}\right)$을 분류기의 배율이라 하며, 전류계의 측정 범위를 확대하기 위해 전류계에 병렬로 연결한 분류기 저항으로 m배 확대하기 위해서는 $\frac{1}{m-1} \times r$(전류계 내부저항)이고, 만약 전류계의 내부저항이 10[Ω]이고 측정 범위가 10[A]인 전류계로 100[A]의 전류를 측정하려면 분류기는 전류계보다 $\frac{1}{9}$배 작은 저항을 사용하면 되고 R_S의 값에 따라 측정범위를 변경할 수 있다.

전압, 전류를 측정하기 위한 전압계와 배율기, 전류계와 분류기의 접속도는 그림 1-14와 같다.

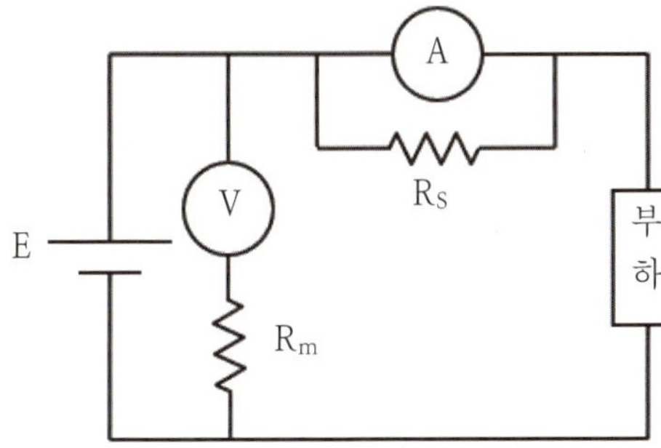

그림 1-14 전압계와 배율기, 전류계와 분류기의 접속

6) 키르히호프의 법칙

비교적 간단한 회로의 계산은 옴의 법칙을 사용하여 쉽게 풀이하였다. 그러나 많은 수의 기전력과 저항이 접속된 복잡한 회로, 즉 전기회로망(network)을 풀이하는데는 옴의 법칙을 발전시킨 **키르히호프의 법칙**(Kirchhoff's law)을 사용한다. 이 키르히호프의 법칙은 전류에 관한 제 1법칙과 전압강하에 관한 제 2법칙이 있다.

(1) 제 1법칙(전류법칙, KCL: Kirchhoff's Current Law)

「회로망 중의 임의의 접속점에 흘러 들어오는 전류와 흘러 나가는 전류의 대수합은 0이다.」

즉,

$$\sum_{i=1}^{n} I_i = 0 \tag{1-25}$$

그림 1-15 (a)에서 접합점 O에 흘러 들어오는 전류를 (+)로 하면, 흘러나가는 전류는 (-)이므로 $I_1 - I_2 - I_3 = 0$이 된다. 따라서, $I_1 = I_2 + I_3$가 된다.

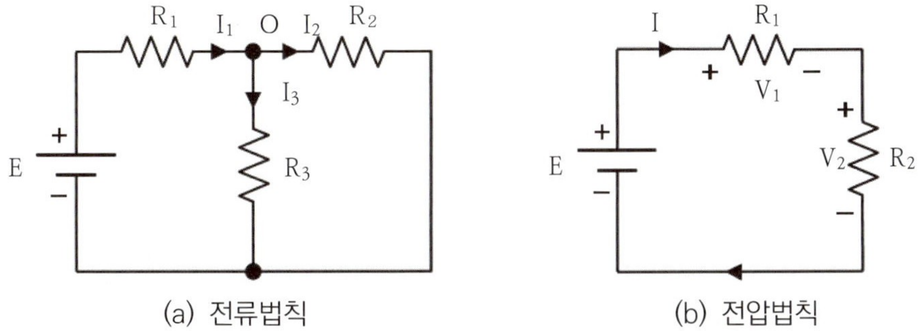

그림 1-15 키르히호프의 전류법칙(a) 및 전압법칙(b)

(2) 제 2법칙(전압법칙, KVL: Kirchhoff's Valtage Law)

「회로망 중의 임의의 폐회로 내의 기전력의 대수합은 그 폐회로의 각 부를 흐르는 전류와 저항의 곱(전압강하)의 대수합과 같다.」 즉,

$$\sum_{i=1}^{n} E_i = \sum_{j=1}^{m} IR_j \tag{1-26}$$

그림 1-15 (b)에서 기전력과 각 저항에서의 전압강하의 관계는
$E = V_1 + V_2 = IR_1 + IR_2$가 성립한다.

키르히호프의 법칙을 사용하여 전기회로 각 부의 전류를 계산하는 순서는 다음과 같다.

① 각 지로의 전류를 문자로 표시하고 그 방향을 가정하여 화살표로 표시한다.
② 임의의 접속점에서 제 1법칙을 사용하여 식을 만든다.
③ 회로망 중의 각각의 폐회로에 대하여 제 2법칙을 사용하여 식을 만든다.
④ 방정식은 각각 독립한 것을 미지수만큼 세우고 연립방정식을 푼다.
⑤ 계산결과 전류가 (-)가 나오면 실제방향은 처음 가정했던 방향과 반대이다.

7) 브리지 회로

4개의 저항 R_1, R_2, R_3, R_X와 검류계(galvanometer) G를 그림 1-16과 같이 접속한 회로를 일반적으로 브리지 회로 또는 휘스톤 브리지(Wheatstone bridge)라고 하며, 미지의 저항을 측정하는데 이용한다.

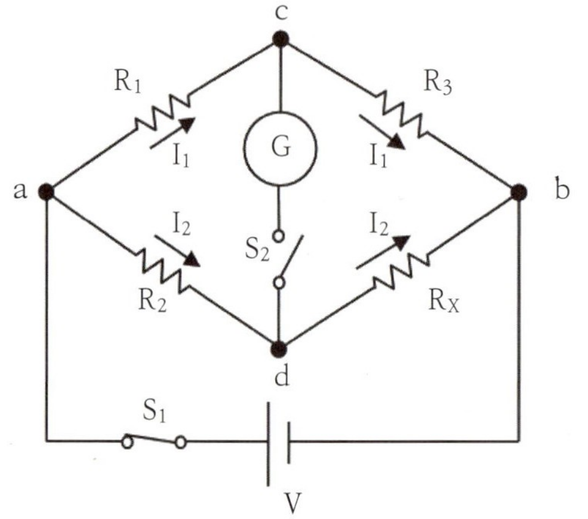

그림 1-16 휘스톤 브리지

R_1, R_2, R_3를 적당히 조절하면 R_1의 전압 강하와 R_2의 전압강하를 같게 할 수 있으며, 이때 c와 d의 전위가 같아져서 검류계 G에는 전류가 흐르지 않게 된다. 이것을 브리지가 평형(balance)되었다고 하며 다음의 관계가 성립한다.

$I_1R_1 = I_2R_2$, $I_1R_3 = I_2R_X$

그러므로 $\frac{I_1}{I_2} = \frac{R_2}{R_1} = \frac{R_X}{R_3}$, $R_1R_X = R_2R_3$

따라서 브리지의 평형조건하에서 R_1, R_2, R_3의 저항값을 알고 있으면 미지의 저항 R_X를 다음과 같이 구할 수 있다.

$$R_X = \frac{R_2}{R_1} \times R_3 \tag{1-27}$$

이 방법은 보통 1[MΩ]까지의 저항을 정밀하게 측정하는데 쓰인다.

8) 전지의 접속

전지의 접속에는 저항의 접속과 마찬가지로, 1개의 전지 (-)에서 다른 전지 (+)를 순차적으로 접속하는 **직렬접속**(그림 1-17 a)과 전지의 (+), (-)를 각각 모아서 접속하는 **병렬접속**(그림 1-17 b), 이들을 혼합한 직·병렬접속이 있다.

전지 내부에도 약간의 저항이 있으며, 이것을 **전지의 내부저항**(internal resistance)이라 하고, 보통 전지의 내부저항은 건전지에서 0.5[Ω]이하이다.

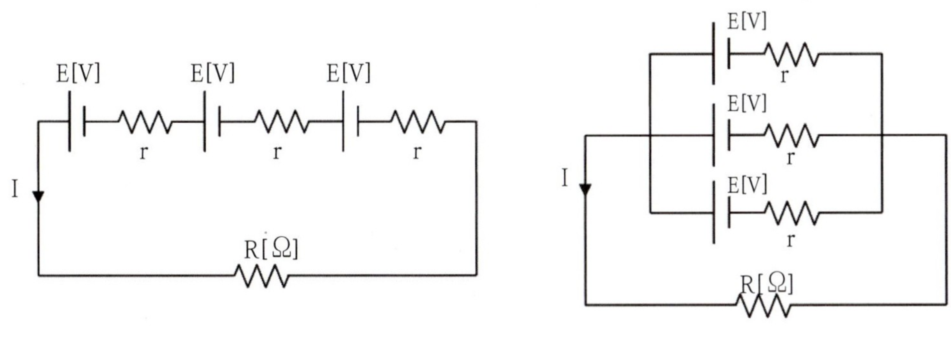

(a) 직렬접속　　(b) 병렬접속

그림 1-17 전지의 접속

그림 1-17 (a)와 같이 전지 1개의 기전력을 E[V], 내부저항 r[Ω]의 전지 n개를 직렬로 하여 부하저항 R[Ω]에 접속하였을 때, 전 기전력은 nE[V], 합성 내부저항은 nr[Ω]이므로 회로에 흐르는 전류 I는

$$I = \frac{nE}{nr + R}[A] \tag{1-28}$$

그림 1-17 (b)와 같이 전지 1개의 기전력을 E[V], 내부저항 r[Ω]의 전지 n개를 병렬로 하고, 부하저항 R[Ω]에 접속하였을 때, 전 기전력은 E[V], 합성 내부저항은 r/n[Ω]이므로 회로에 흐르는 전류 I는

$$I = \frac{E}{\frac{r}{n} + R} = \frac{nE}{r + nR}[A] \tag{1-29}$$

이다.

일반적으로 기전력 E[V], 내부저항 r[Ω]의 전지 n개를 직렬로 하고, 이것을 m조 병렬로 하여 부하저항 R[Ω]에 접속하였을 때, 전 기전력은 nE[V], 합성내부저항은 nr/m[Ω]이므로 회로에 흐르는 전류 I는

$$I = \frac{nE}{\frac{nr}{m} + R} = \frac{mnE}{nr + mR}\ [A] \tag{1-30}$$

가 된다.

9) 전력

전기회로에 전압이 가해지면 여러 가지 일을 한다. 단위시간에 전기가 하는 일의 양(일률)을 **전력**(electric power)이라 하고, 단위는 **와트**(watt, 기호 W)를 사용한다. 1[W]는 1초 동안에 1[J]의 일을 하는 양이다. 지금 R[Ω]의 저항에 V[V]의 전압을 가했을 때 I[A]의 전류가 흐를 때의 전력 P[W]는

$$P = \frac{W}{t} = \frac{VQ}{t} = \frac{VIt}{t} = VI[W] \tag{1-31}$$

이며, 옴의 법칙을 적용하면

$$P = VI = RI^2 = \frac{V^2}{R}[W] \tag{1-32}$$

이다.

전동기와 같이 회전하는 동력계에서 기계적인 동력의 단위로서 **마력**(horse power, 기호 HP)을 사용하는데, 마력과 전력과의 관계는 다음과 같다.

1[HP] = 735[W, 불마력(프랑스마력)] 또는 746[W, 영마력(영국마력)]

10) 전력량

전기가 어느 시간 내에 한 일의 총량을 그 시간내의 **전력량**(electric energy)이라 하며, 단위는 **와트초**[W · s]를 사용한다. P[W]의 전력에 의하여 t초 동안에 전달되는 에너지, 즉 전력량 H[J]는

$$H = Pt = VIt \ [W \cdot s = J] \tag{1-33}$$

이다.

전력량은 일반적으로 1[kW]의 전력을 1시간 사용할 때의 일의 양을 단위로 하여 킬로와트시[kWh]를 사용하며, 1[kWh] = 10^3[Wh] = 3.6×10^6[J]과 같은 관계가 있다.

11) 주울의 법칙

도체에 전류가 흐를 때 전자가 도선 내의 금속원자와 충돌하기 때문에, 이 충돌과정에서 열이 발생한다. 영국의 물리학자 주울(Joule)은 실험결과 **「전류에 의해 단위시간 중에 발생하는 열량은 전류의 제곱과 저항 곱에 비례한다.」**는 것을 발견했다. **이것을 주울의 법칙**(Joule's law)이라 하고 이때 발생한 열을 **주울열**이라 한다.

R[Ω]의 저항에 I[A]가 t초 동안 흐를 때 발생하는 열량 H는

$$H = I^2Rt \ [J] \tag{1-34}$$

이다.

보통 열량의 단위로는 칼로리(calorie, 기호 cal)를 사용하고 있으며 주울과 칼로리간에는 실험결과 다음과 같은 관계가 있다.

$$1[J] \fallingdotseq 0.24[cal], \quad 1[cal] = 4.2[J]$$

그러므로 식 (1-32)는

$$H = 0.24\, I^2Rt \ [cal] \tag{1-35}$$

가 된다.

12) 전선의 허용온도와 허용전류

전선에 전류가 흐르면 발열작용에 의해 전선 자신의 온도가 올라간다. 즉, 내부에서 발생하는 열량과 표면으로부터 외부로 빠져나가는 열량이 같을 때까지 온도가 상승한다. 절연전선은 도체를 적당한 절연재료와 보호재료로 피복한 전선류의 총괄적인 명칭이다.

절연전선에서 온도가 높게 되면 절연을 해치거나 도체가 녹아 끊어지거나 하기 때문에 절연체에 허용하는 최고온도로 전류의 크기가 결정된다. 이와 같이 전선에 안전히 흘릴 수 있는 최대전류를 **허용전류**(allowable current)라 한다.

실제의 전선에서 최고의 **허용온도**는 나전선(동선, 알루미늄선의 경우)에서 90[℃], 절연전선(600[V] 고무절연전선, 600[V] 비닐절연전선)에서 60[℃] 정도이다. 그러나 전선의 온도 상승은 전선이 위치하는 주위의 온도에 영향을 받기 때문에 보통 사용되고 있는 전선의 허용전류는 주위온도의 표준을 30[℃]로 결정한다.

제 2 장

정전기

Static Electricity

1 대전
2 정전유도
3 쿨롱의 법칙
4 전계
5 전기력선
6 전속
7 콘덴서
8 유전체와 유전분극

제 2 장
정전기

학습목표		중심단어
1	정전유도에 대해 설명한다. (A)	정전유도
2	전기장에서의 쿨롱의 법칙을 설명한다. (A)	전기장의 쿨롱의 법칙
3	전기력선 및 전계에 대해 설명한다. (A)	전기력선
4	유전체와 유전분극현상을 설명할 수 있다. (B)	유전체의 분극현상
5	콘덴서와 정전용량에 대해 설명한다. (A)	정전용량
6	콘덴서의 직, 병렬접속에 대해 설명할 수 있다. (B)	콘덴서의 접속
7	콘덴서의 축적에너지를 설명할 수 있다. (B)	콘덴서 축적에너지
8	콘덴서의 충전, 방전 특성을 설명할 수 있다. (B)	콘덴서의 충전, 방전

1. 대전

2개의 물체를 서로 마찰하면 두 물체에 전기가 생겨 가벼운 물체를 끌어당긴다. 이러한 경우 두 물체는 **대전**(electrification)하였다고 하며, 이때 생긴 전기를 마찰전기, 대전한 전기의 양을 **전하**(electric charge)라 한다. 일반적으로 종류가 다른 두 물체를 마찰하면 한쪽은 (+), 다른 쪽은 (-)로 대전하며 두 물체에 대전하는 전기량은 같다.

전기적으로 중성의 상태에 있는 두 물질을 마찰하면, 물체 표면의 전자가 일부 다른 곳으로 이동할 때 전자를 받아들인 쪽은 (-)로, 전자를 공급한 쪽은 (+)로 대전한다. 마찰전기와 같이 물체에 정지되어 있는 전기를 **정전기**(static electricity)라 한다.

2. 정전유도

그림 2-1처럼 대전되지 않은 도체 B를 (+)로 대전된 A에 접근시키면 A에 가까운 쪽에 (-)의 전하가, 먼 쪽에 (+)의 전하가 나타난다. 이와 같은 현상을 **정전유도**(electrostatic induction)라 한다. 물체 B의 양끝의 전하는 같은 양이므로 대전체 A를 멀리하면 B의 양끝에 있는 (+), (-)전하가 중화되어 다시 중성으로 돌아간다.

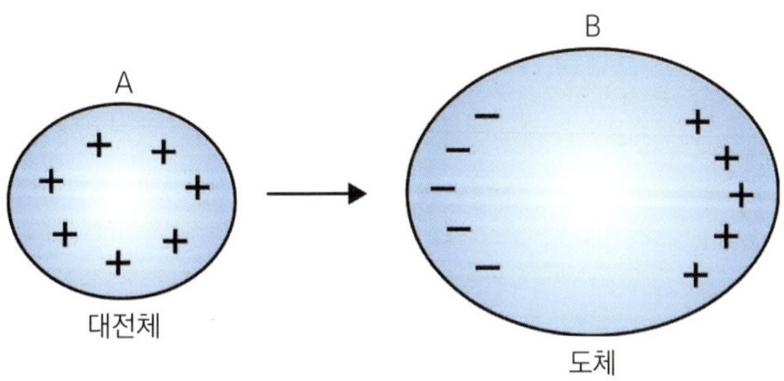

그림 2-1 정전유도

3. 쿨롱의 법칙

2개의 전하 사이에는 같은 종류의 전하는 반발하고, 다른 종류의 전하는 흡인한다. 이 힘을 **쿨롱력**(Coulomb's force) 또는 **정전력**(electrostatic force)이라 한다. 「**이 힘의 크기는 두 전하의 전기량의 곱에 비례하고 전하간의 거리의 제곱에 반비례한다.**」 이것을 전기력에 관한 **쿨롱의 법칙**(Coulomb's law)이라 한다.

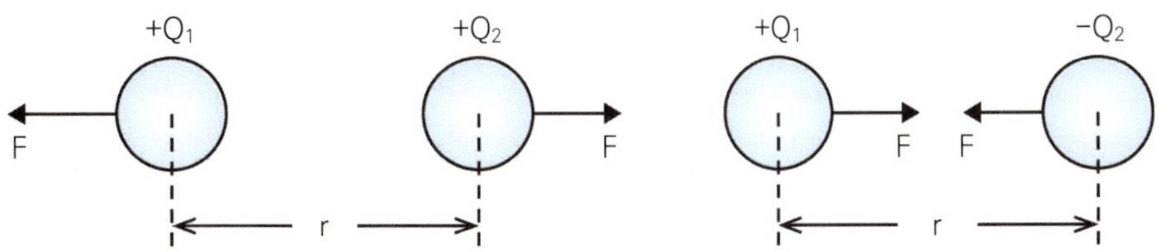

그림 2-2 쿨롱의 법칙

Q_1, Q_2[C]의 두 전하를 r[m]되는 거리에 놓았을 때 전하 간에 작용하는 힘 F는

$$F = k\frac{Q_1 Q_2}{r^2}[N] \tag{2-1}$$

이 된다. 단, 비례상수 k는

$$k = \frac{1}{4\pi\epsilon} \tag{2-2}$$

로 정해지고 있다. ε은 전하가 놓여진 공간의 **매질의 유전율**(dielectric constant)로서 진공 중에서는 ε_0로 표시하고 **진공의 유전율**이라고 하며, 그 값은 8.855×10^{-12}[F/m]이다. 진공의 유전율에 대한 매질의 유전율의 비의 값을 **비유전율**(specific dielectric constant)이라 하며 ε_s로 표시하고 $\varepsilon = \varepsilon_0\varepsilon_s$의 관계가 있다. 따라서 식 (2-1), (2-2)로부터 정리하면 다음과 같다.

$$F = \frac{1}{4\pi\epsilon}\frac{Q_1 Q_2}{r^2} = \frac{1}{4\pi\epsilon_0\epsilon_s}\frac{Q_1 Q_2}{r^2}[N] \tag{2-3}$$

위 식에서 $\frac{1}{4\pi\epsilon_o} = 9\times10^9$이므로 매질 중에서 쿨롱의 법칙은

$$F = 9\times10^9\frac{Q_1 Q_2}{\epsilon_s r^2}[N] \tag{2-4}$$

공기의 비유전율 $\varepsilon_s \fallingdotseq 1$, 진공의 비유전율 $\varepsilon_s = 1$이므로 진공 및 공기 중에서는

$$F = 9\times10^9\frac{Q_1 Q_2}{r^2}[N] \tag{2-5}$$

이다.

4. 전계

대전체가 놓여 있는 부근에 전기력(정전력)이 작용하는 공간을 **전계**(electric field)라 한다. **전계의 세기**(크기, intensity of electric field)는 전계 내에 단위 정전하 +1[C]을 놓았을 때 이에 작용하는 힘의 크기이며, 그 힘의 방향을 그 지점의 전계의 방향이라 한다(그림 2-3). 전계의 세기의 단위는 [V/m](volt per meter)를 사용한다.

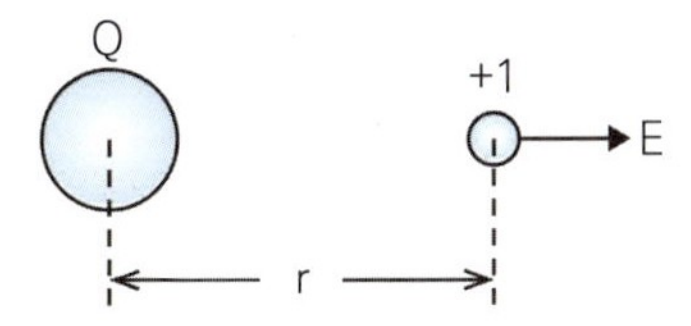

그림 2-3 전계

Q[C]의 점전하에서 r[m] 떨어진 전계 내에 단위 정전하 1[C]의 전하를 놓았을 때 작용하는 힘의 세기, 즉 전계의 세기 E는

$$E = \frac{1}{4\pi\epsilon}\frac{Q}{r^2} = 9 \times 10^9 \frac{Q}{\epsilon_s r^2} \quad [V/m] \qquad (2-6)$$

가 된다. 그러므로 전계의 세기가 E[V/m]인 공간에 Q[C]의 전하를 놓으면 이 전하에 작용하는 정전력 F는 다음과 같이 된다.

$$F = QE\ [N] \qquad (2-7)$$

5. 전기력선

전계의 상태를 표시하는 데에는 **전기력선**(line of electric force)이라 하는 가상적인 선을 사용한다. 전기력선의 방향은 전계의 방향을 나타내고, 전기력선의 밀도에 의해 전계의 세기를 나타낸다.

전기력선의 성질은 다음과 같다.

(1) 전기력선은 양전하에서 나와 음전하로 끝난다.
(2) 전기력선은 고무줄과 같은 장력이 있으므로 되도록 수축하려고 한다.
(3) 전기력선은 서로 교차하지 않는다.
(4) 전기력선은 도체의 면에 수직으로 출입한다.
(5) 어떤 점의 전계의 방향은 그 점에 있어서의 전기력선에 그은 접선의 방향으로 한다.
(6) 같은 전기력선끼리는 서로 반발한다.

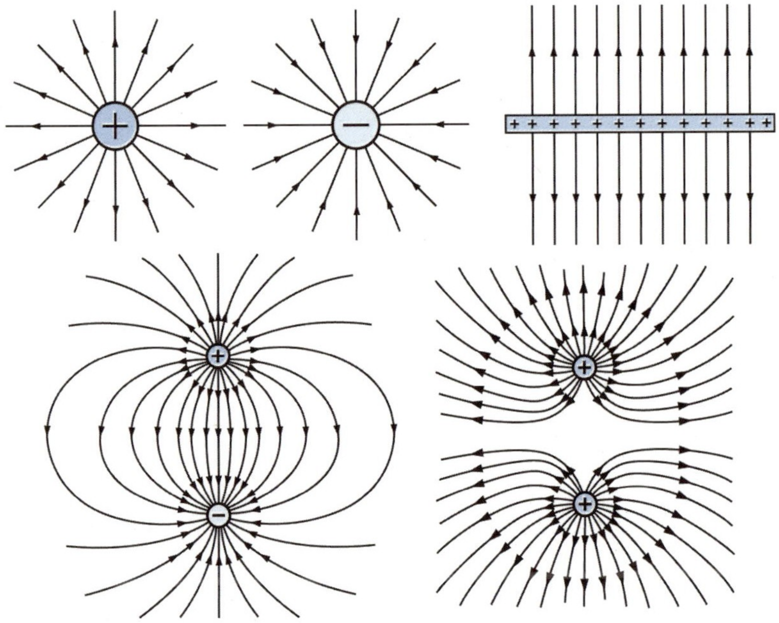

그림 2-4 전기력선

6. 전속(유전속)

+1[C]의 전하에서 나오는 전기력선 수는 일반적인 유전체에서는 $\frac{1}{\epsilon}$개, 진공(공기) 중에서는 $\frac{1}{\epsilon_0}$개이므로, Q[C]의 전하에서는 각각 $\frac{Q}{\epsilon}, \frac{Q}{\epsilon_0}$개의 전기력선이 나오는 셈이다. 전하 1[C]에서 나오는 무수한 전기력선을 모아서 1개의 가상적인 선을 생각하여 이것을 **전속**(dielectric flux) 또는 **유전속**이라고 하며 단위는 전하와 같은 [C]을 사용한다. 그러므로 1[C]의 전하에서는 1개의 전속이, Q[C]의 전하에서는 Q개의 전속이 나온다.

한편, 전속에 직각으로 통과하는 단위면적당 전속수를 **전속밀도**(dielectric flux density)라 하며 단위는 [C/m^2]이다. Q[C]의 전하를 중심으로 반경 r[m]의 구에서 전속밀도 D는

$$D = \frac{Q}{4\pi r^2}\,[\mathrm{C/m^2}] \qquad (2-8)$$

이다. 분모, 분자에 ε을 곱하면 $D = \frac{\epsilon Q}{4\pi\epsilon r^2}$가 되며, 식 (2-7)에서 $E = \frac{Q}{4\pi\epsilon r^2}$이므로 전속 밀도와 전계의 세기 사이에는

$$D = \epsilon E \quad [C/m^2] \tag{2-9}$$

의 관계가 있다.

7. 콘덴서

1) 콘덴서

두 개의 도체 사이에 절연물(유전체)을 끼워 서로 마주보게 놓고 전하를 축적시킬 것을 목적으로 한 것을 **콘덴서**(condenser)라 한다. 그림 2-5와 같이 두 도체판 A, B를 마주 향하게 하고, 이것에 전압을 가하면 전극 A에는 (+)전하가 축적되고 전극 B에는 (-)전하가 축적된다.

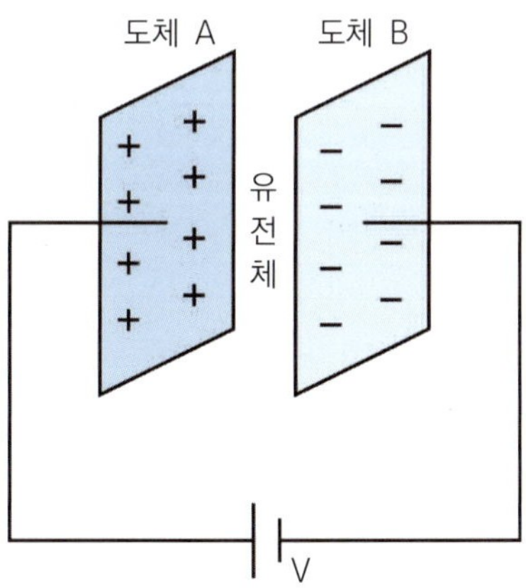

그림 2-5 콘덴서

이와 같이 콘덴서에 전압을 가해서 전하를 축적하는 것을 **충전**(charge)이라 하며, 충전된 전하를 방출시키는 것을 **방전**(discharge)이라 한다.

콘덴서의 명칭은 유전체의 종류로 부르는 것이 보통이다. 전극판 사이가 공기로 절연되어 있는 것을 공기 콘덴서라 하고, 유전체를 사용한 것에는 유전체의 종류에 의해 종이 콘덴서, 운모(mica) 콘덴서, 오일(oil) 콘덴서, 세라믹(ceramic) 콘덴서, 전해(electrolyte) 콘덴서 등이 있다.

2) 정전용량

콘덴서에 축적되는 전하는 극판에 가한 전압에 비례한다. 전극에 V[V]의 전압을 가하면 축적되는 전하 Q는

$$Q = CV \ [C] \tag{2-10}$$

가 된다. 이때 비례상수 C는 전하를 축적하는 능력을 표시하는 값으로 **정전용량**(capacity)이라고 하며 단위로는 패럿(Farad, 기호 F)을 사용한다. 1[F]는 1[V]의 전압에 의하여 1[C]

의 전하를 축적하는 정전용량이다. [F]는 매우 큰 용량이기 때문에 실용상으로는 마이크로 패럿(μF, 1[μF]=10^{-6}[F]) 및 피코 패럿(pF, 1[pF]= 10^{-12}[F])을 사용한다.

그림 2-6과 같이 극판의 면적 S[㎡], 전극간의 거리가 d[m]인 두 개의 평행판 전극에 전압 V[V]를 가하면 정전용량 C는

$$C = \frac{Q}{V} = \frac{\epsilon S}{d} = 8.855 \times 10^{-12} \frac{\epsilon_s S}{d} \text{ [F]} \quad (2-11)$$

가 된다. 즉, 콘덴서의 정전용량은 극판의 대향면적과 절연물의 유전율(비유전율)에 비례하며, 극판간의 거리에 반비례한다.

콘덴서는 구조상으로 정전용량이 일정한 **고정콘덴서**(fixed condenser)와 정전용량을 변화시킬 수 있는 **가변콘덴서**(variable condenser)로 나눌 수 있다. 가변콘덴서는 극판의 대향면적을 변화하여 정전용량을 변화시키는 것으로서 **바리콘**(varicon)이라고도 한다. 콘덴서는 정전용량이 정확하고, 손실이 적어야 하며, 절연저항이 커야 한다. 그림 2-7은 콘덴서를 표시하는 기호이다.

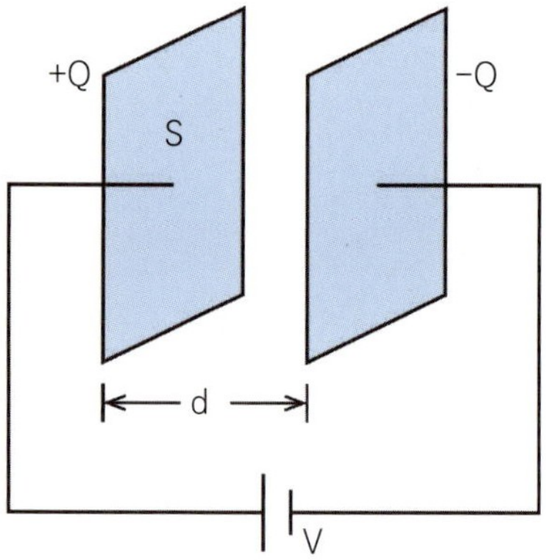

그림 2-6 평행판 콘덴서

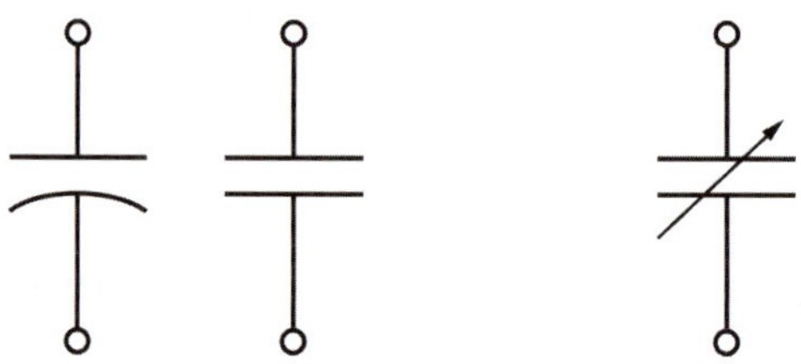

(a) 고정콘덴서 (b) 가변콘덴서

그림 2-7 콘덴서의 기호

3) 콘덴서의 접속

(1) 병렬접속

정전용량이 C_1, C_2, C_3 인 3개의 콘덴서를 그림 2-8과 같이 접속한 것을 병렬접속(parallel connection)이라 한다.

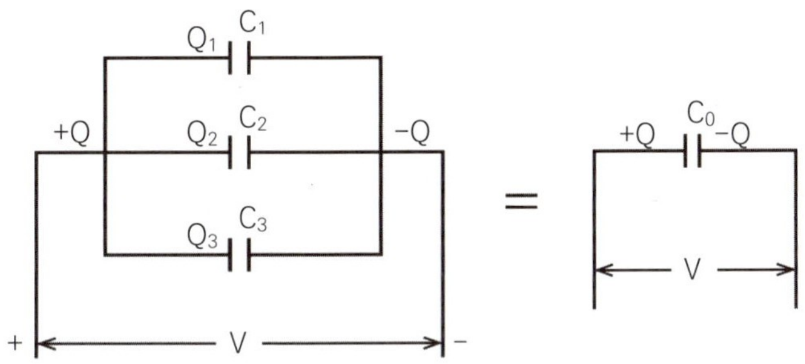

그림 2-8 콘덴서의 병렬접속

이때 전압 V[V]를 가하면 각 콘덴서에 축적되는 전하 Q_1, Q_2, Q_3 는

$$Q_1 = C_1V \text{ [C]}, \quad Q_2 = C_2V \text{ [C]}, \quad Q_3 = C_3V \text{ [C]}$$

가 되고 이 회로의 전체 전하 Q는

$$Q = Q_1 + Q_2 + Q_3 = C_1V + C_2V + C_3V = (C_1 + C_2 + C_3)V \text{ [C]}$$

가 된다. 합성 정전용량을 C_0라 하면 $Q = C_0V$이므로

$$C_0 = C_1 + C_2 + C_3 \text{ [F]}$$

이다.

일반적으로 정전용량이 C_1, C_2, C_3, ……, C_n인 n개의 콘덴서를 병렬로 접속하면 합성 정전용량 C_0는

$$C_0 = C_1 + C_2 + \cdots\cdots + C_n \text{ [F]} \tag{2-12}$$

이다. 만일 $C_1 = C_2 = C_3 = \cdots\cdots = C_n = C$ 라고 하면 합성 정전용량 C_0는 다음과 같다.

$$C_0 = nC \text{ [F]} \tag{2-13}$$

(2) 직렬접속

정전용량이 C_1, C_2, C_3인 3개의 콘덴서를 그림 2-9와 같이 접속한 것을 직렬접속(series connection)이라 한다. 이때 전압 V[V]를 가하면 정전유도작용에 의하여 각 콘덴서에 모두 동일한 전하가 축적된다.

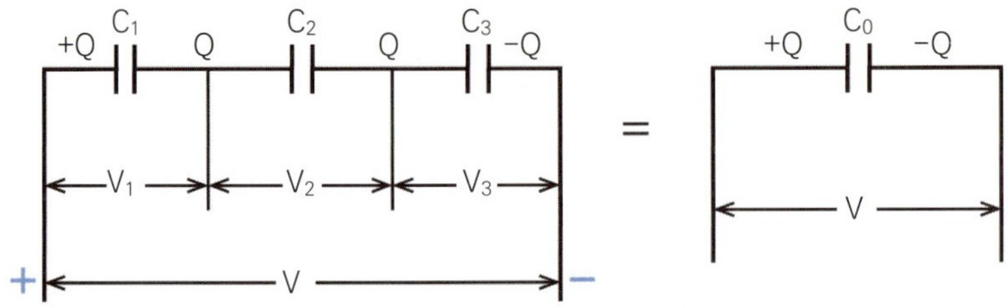

그림 2-9 콘덴서의 직렬접속

따라서 각 콘덴서의 단자전압을 V_1, V_2, V_3 라 하면

$$V_1 = \frac{Q}{C_1}, \quad V_2 = \frac{Q}{C_2}, \quad V_3 = \frac{Q}{C_3}$$

이며, 전체전압 V는

$$V = V_1 + V_2 + V_3 = \frac{Q}{C_1} + \frac{Q}{C_2} + \frac{Q}{C_3} = \left(\frac{1}{C_1} + \frac{1}{C_2} + \frac{1}{C_3}\right)Q$$

이다. 합성 정전용량을 C_0라 하면 $V = \frac{Q}{C_0}$ 이므로

$$\frac{1}{C_0} = \frac{1}{C_1} + \frac{1}{C_2} + \frac{1}{C_3} \text{ 이고,}$$

$$C_0 = \frac{1}{\frac{1}{C_1} + \frac{1}{C_2} + \frac{1}{C_3}} \quad [F]$$

이 된다.

일반적으로 정전용량이 C_1, C_2, C_3, ……, C_n인 n개의 콘덴서를 직렬로 접속하면 합성 정전용량 C_0는

$$C_o = \frac{1}{\frac{1}{C_1} + \frac{1}{C_2} + \cdots\cdots + \frac{1}{C_n}} \quad [F] \qquad (2-14)$$

이다. 만일 $C_1 = C_2 = C_3 = \cdots\cdots = C_n = C$ 라고 하면 합성 정전용량 C_0는

$$C_o = \frac{C}{n}\ [F] \tag{2-15}$$

이며, 2개만을 직렬접속하면

$$C_0 = \frac{C_1 C_2}{C_1 + C_2}\ [F] \tag{2-16}$$

가 된다.

4) 콘덴서에 축적되는 에너지

정전용량 C[F]인 평행판 콘덴서에 전압 V[V]를 가했을 때 충전되는 전하 Q는 Q = CV[C]이다. 이것을 저항을 통하여 방전시키면 저항 안에서 열이 발생한다. 이것은 콘덴서 내에 충전에 의하여 에너지가 축적되어 있었기 때문이며, 그 에너지의 크기 W는

$$W = \frac{1}{2}CV^2 = \frac{1}{2}QV = \frac{Q^2}{2C}\ [J] \tag{2-17}$$

이다.

8. 유전체와 유전분극

평행판 콘덴서의 절연물을 공기로 하고 전압 V를 가하면 전극에 모여지는 전하는 $Q_0 = C_0V$가 된다. 전압을 그대로 하고 전극간에 절연물을 넣으면 전하는 증가한다. 이때 전하량을 Q라 하면 Q = CV가 되어 $Q > Q_0$ 이므로 $C > C_0$가 되어 정전용량이 증가한다. 이러한 절연물을 유전체(dielectric substance)라 한다.

유전체를 전계 중에 놓으면 유전체 원자의 (+), (-) 전하의 중심이 이동하여 전계의 방향으로 (+), (-)의 극성을 나타내게 된다. 이와 같이 유전체가 분극되어 극성을 나타내는 것을 **유전분극**(dielectric polarization)이라 하며, 분극되어 전하량이 같고 반대부호의 점전하가 몹시 근접하여 존재하는 것을 **쌍극자**(dipole)라 한다.

콘덴서에 유전체를 넣으면, 그림 2-10과 같이 유전체 내에서 유전분극이 일어나며, 그것에 의해 정전유도가 발생하여 새로운 전하가 극판에 생겨 축적되는 전하가 많게 된다. 전극간에 유전체가 있을 때의 정전용량 C와 전극간이 진공일 때의 정전용량 C_0의 비를 비유전율 ε_s라 한다.

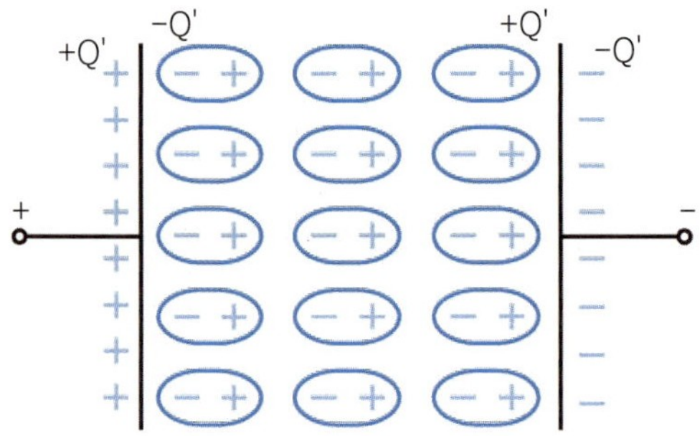

그림 2-10 유전체의 분극현상

표 2-1 물질의 비유전율

물 질	비유전율	물 질	비유전율
공기	1.000586	석영유리	3.5~4.5
질소	1.000606	베이클라이트	4.5~7.0
종이	1.2~2.6	자기	5.0~6.5
파라핀	1.9~2.5	운모	5.0~7.0
폴리스티롤	2.0~2.5	알코올	20.0
에보나이트	2.0~3.5	물	81.57
변압기 유	2.2~2.4	로셀염	200
폴리에틸렌	2.3	티탄산바륨	250~4,500

비유전율이 상당히 큰 물질을 **강유전체**라 하며, 그 외 보통의 유전체를 **상유전체**라 한다.

$$\epsilon_s = \frac{C}{C_0} \qquad (2-18)$$

수정이나 로셀염, 인산칼륨, 티탄산바륨 등의 강유전체에 압력이나 장력의 기계적인 압력을 가하면 내부에 유전분극이 생겨 결정에 어떤 방향으로 전압이 발생하며, 반대로 결정에 전계를 가하면 결정 왜곡이 생긴다. 이와 같은 현상을 **압전기 효과**(piezoelectric effect)라 한다. 이러한 압전효과는 자동점화장치나 초음파 발생에 이용되고 있다.

제 3 장

자기

Magnetism

제 3 장
자기

학습목표		중심단어
1	자성, 자기 및 자기유도현상을 설명한다. (A)	자기, 자기유도현상
2	자기장에서 쿨롱의 법칙을 설명한다. (A)	자기장의 쿨롱의 법칙
3	자력선과 자계를 설명한다. (A)	자력선
4	암페어의 오른나사법칙을 설명한다. (A)	암페어의 오른나사법칙
5	암페어의 주회적분의 법칙, 비오·사바르의 법칙을 설명할 수 있다. (B)	암페어의 주회적분의 법칙
6	자기회로 및 자기히스테리시스현상을 설명할 수 있다. (B)	자기히스테리시스현상
7	자기회로의 손실에 대해 설명한다. (A)	철손실, 동손실
8	전자력 및 전자유도현상에 대해 설명한다. (A)	전자력,전자유도, 플레밍의 법칙, 패러디-렌츠의 법칙
9	자체유도, 상호유도에 대해 설명한다. (A)	자체유도,상호유도
10	변압기의 원리, 법칙 및 손실에 대해 설명한다. (A)	변압기
11	인덕턴스의 축적에너지를 설명할 수 있다. (B)	인덕턴스 축적에너지

자석이 철을 끌어당기고, 자석을 수평으로 놓으면 남북으로 향하고 있는 것을 알 수 있다. 전류계 및 전압계 등의 전기계기는 물론이며 발전기 및 전동기 등의 전기기기에도 자기의 작용이 활용되고 있다.

1. 자석의 성질

천연에서 산출되는 자철광(Fe_2O_3)은 철편 및 철분(쇳조각, 쇳가루) 등을 끌어당기는 성질을 가지고 있다. 이와 같은 힘을 **자력**(magnetic force)이라 하고 자력을 일으키는 원인을 **자기**(magnetism)라 한다. 자기를 가지고 있는 물체를 **자석**(magnet)이라 한다. 우리들이 일반적으로 사용하고 있는 자석은 인공적으로 만든 영구자석이다.

자석에 대하여 실험을 하면 다음과 같은 성질을 알 수 있다.

(1) 철분을 자석에 뿌리면 철분은 자석의 양끝에 집중되고 중앙부근에는 거의 붙지 않는다. 이와 같이 철분을 흡인하는 힘이 강한 양 끝 부분을 **자극**(magnetic pole)이라

하며, 그 세기는 **웨버**(Weber, 기호 Wb)로 나타낸다. 자극의 중심을 연결한 선을 자축이라 한다.

(2) 하나의 자석에는 반드시 2개의 자극이 있다. 항상 북쪽을 가리키는 자극을 N극(north pole, +극), 남쪽을 가리키는 자극을 S극(south pole, -극)이라 한다.

(3) 두 자석을 가까이 할 때, 같은 종류의 자극끼리는 서로 반발하고, 다른 종류의 자극끼리는 흡인하는 성질이 있다.

(4) 강철 조각을 자석 가까이 놓으면 자석이 된다. 이 경우 철편이 **자화**된 것이라 한다.

2. 쿨롱의 법칙

두 자극 사이에는 **자기력**(magnetic force)이 작용하며, 자기력의 방향은 두 자극을 잇는 선상에 있으며 **「그 크기는 두 자극의 세기의 곱에 비례하고 두 자극 사이의 거리 제곱에 반비례한다.」**

두 자극의 세기를 m_1, m_2[Wb]라 하고 자극사이의 거리를 r[m]이라 하면 자기력 F는 $F \propto \frac{m_1 m_2}{r^2}$이며, 비례상수를 k라 하면

$$F = k\frac{m_1 m_2}{r^2} \text{ [N]} \tag{3-1}$$

이다. 이것을 자기에 관한 **쿨롱의 법칙**이라 한다.

비례상수 k의 값은 자기력이 작용하는 장소의 매질에 의하여 정해지는 정수이며 다음과 같이 표현된다.

$$k = \frac{1}{4\pi\mu} \tag{3-2}$$

여기서, μ를 매질의 **투자율**(permeability)이라 한다. 매질이 진공일 때의 투자율을 **진공의 투자율**이라 하며 μ_0로 나타낸다. μ_0는

$$\mu_0 = 4\pi \times 10^{-7} \text{ [H/m]} \tag{3-3}$$

이므로, 진공일 때 식 (3-2)는 $k = \frac{1}{4\pi\mu_0} \fallingdotseq 6.33 \times 10^4$이 된다.

어떤 매질의 투자율과 진공의 투자율과의 비를 **비투자율**(specific permeability) 이라 하고 μ_s로 나타내며, μ_s는

$$\mu_s = \frac{\mu}{\mu_0}, \quad \mu = \mu_0 \mu_s = 4\pi \times 10^{-7} \mu_s \quad [H/m] \tag{3-4}$$

일반적으로 쿨롱의 법칙은 식 (3-1)과 (3-2)로부터

$$F = \frac{1}{4\pi\mu} \cdot \frac{m_1 m_2}{r^2} = \frac{1}{4\pi\mu_0\mu_s} \cdot \frac{m_1 m_2}{r^2}$$

$$= 6.33 \times 10^4 \frac{m_1 m_2}{\mu_s r^2} \quad [N] \tag{3-5}$$

진공 중에서 $\mu_s = 1$, 공기 중에서는 $\mu_s \fallingdotseq 1$이므로 진공이나 공기 중에서 작용하는 자기력 F는

$$F = 6.33 \times 10^4 \frac{m_1 m_2}{r^2} \quad [N] \tag{3-6}$$

이다.

3. 자계와 자계의 세기

자기력이 작용하고 있는 공간을 **자계**(magnetic field)라 한다. 자계 내의 어떤 지점에 +1[Wb]의 자극을 놓았을 때, 이 자극에 작용하는 힘을 **자계의 세기**(intensity of magnetic field)라고 정의하며, 단위는 [AT/m](ampere turn per meter)를 사용한다.

1[AT/m]는 1[Wb]의 자극을 자계 중에 놓았을 때 작용하는 힘이 1[N]이 될 만한 자계의 세기이며, 또한 진공 중에서 직경 1[m], 권수 1회의 원형 코일에 1[A]의 전류가 흐를 때 코일 중심부에 생기는 자계의 세기이다.

m[Wb]의 자극에서 r[m] 떨어진 자계 내에 1[Wb]의 자극을 놓았을 때 작용하는 자계의 세기 H[AT/m]는 다음과 같다.

$$H = \frac{1}{4\pi\mu} \cdot \frac{m}{r^2} = 6.33 \times 10^4 \frac{m}{\mu_s r^2} \quad [AT/m] \tag{3-7}$$

그러므로 H[AT/m]의 지점에 m[Wb]의 자극을 놓았을 때 작용하는 힘 F[N]는

$$F = mH \quad [N] \tag{3-8}$$

4. 자력선

자석 위에 종이를 올려놓고 철분을 뿌린 후 종이를 조용히 두들이면 철분은 그림 3-1과 같이 분포하여 자계의 상태를 볼 수 있다.

자계 중의 여러 가지 현상을 설명하기 위해서 그림 3-2와 같이 N극에서 나와 S극으로 들어가는 가상적인 선인 **자력선**(line of magnetic force)을 사용하면 편리하다.

자력선의 성질은 다음과 같다.

(1) 자력선은 그림 3-2와 같이 N극으로부터 출발하여 S극에서 끝난다.

(2) 자력선은 힘껏 잡아당긴 고무줄과 같이 될수록 짧아지려고 한다.

(3) 자계 중 임의의 점을 지나는 자력선의 접선은 그 점의 자계의 방향을 표시한다.

(4) 자력선은 절대 서로 교차하지 않는다.

(5) 자계 중 자력선의 밀도는 자계의 세기를 나타낸다.

(6) 같은 방향으로 통하는 자력선간에는 반발력이 작용한다.

1[Wb]의 자극에서 나오는 자력선의 수는 일반적인 매질에서는 $\frac{1}{\mu}$개, 진공(공기) 중에서는 $\frac{1}{\mu_0}$개이므로, m[Wb]의 자극에서는 각각 $\frac{m}{\mu}$, $\frac{m}{\mu_0}$개의 자력선이 나오게 된다. 이 수는 대단히 많고 또 매질에 따라 그 수가 다르다. 그래서 1[Wb]의 자극에서 나오는 무수한 자력선을 모아서 1개의 가상적인 선을 생각하여, 이것을 **자속**(magnetic flux)이라 하며, 단위는 자극의 세기와 같은 [Wb]를 사용한다.

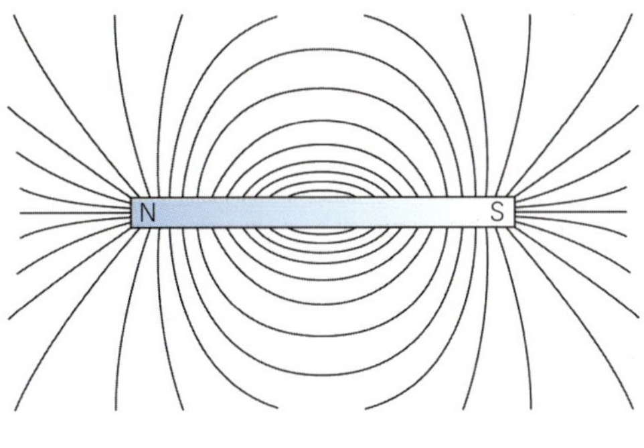

그림 3-1 자력선 분포

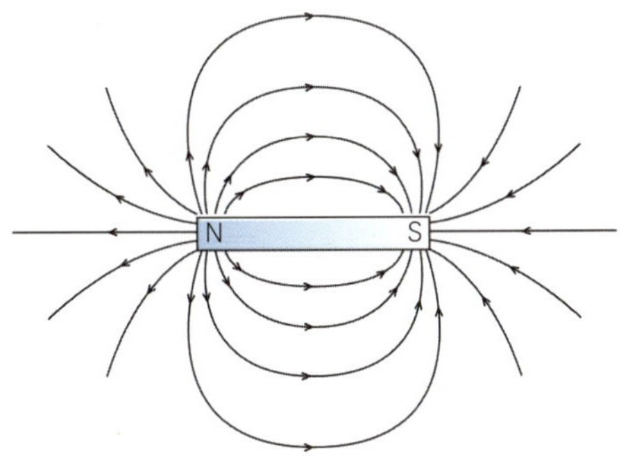

그림 3-2 자력선

그러므로 1[Wb]의 자극에서 1개의 자속이, m[Wb]의 자극에서는 m개의 자속이 나온다. 이때 단위면적을 통한 자속수를 자속밀도(magnetic flux density)라 하며, 단위는 $[Wb/m^2]$ 또는 [T](tesla)이다.

m[Wb]의 자극을 중심으로 반경 r[m]의 구에서 자속밀도 $B[Wb/m^2]$는

$$B = \frac{m}{4\pi r^2} \quad [Wb/m^2] \qquad (3-9)$$

이다. 분모, 분자에 μ를 곱하여 식 (3-7)과 비교하면 다음과 같다.

$$B = \frac{\mu m}{4\pi \mu r^2} = \mu H \quad [Wb/m^2] \qquad (3-10)$$

5. 자기유도

자석의 자극 가까이에 철편(쇳조각)을 놓으면 철편은 자화되어 자석에 끌려온다. 이와 같이 자계 중에서 자화되어 자기를 일으키는 현상을 **자기유도**(magnetic induction)라 하며, 자화된 물질을 **자성체**(magnetic substance)라 한다.

그림 3-3 (a)와 같이 N극 가까이에 S극으로 자화되고 먼 쪽에 N극이 나타나는 물질을 **상자성체**(paramagnetics)라 하고, 자기장의 방향으로 자화되며, $\mu > 1$ 인 Al, Pt, Sn 등이 있다. 그림 3-3 (b)와 같이 자기장과 반대방향으로 자화되는 물질을 반자성체(antimagnetics)라 하며, $\mu < 1$ 인 Au, Ag, Hg, Cu, C 등이 있다.

특히 철, 코발트, 니켈 및 이런 것들의 합금은 그림 3-3 (c)와 같이 자기장과 같은 방향으로 강하게 자화되며, 이런 물질을 **강자성체**(ferromagnetics)라 한다.

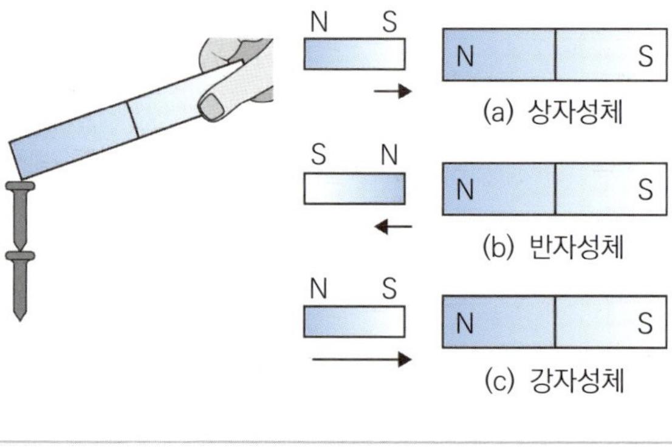

그림 3-3 자성체 자화

6. 전류의 자기작용

1) 전류에 의한 자계

그림 3-4와 같이 전선 밑에 자침을 놓고 전선에 전류를 흘리면 자침이 흔들린다. 이때 전류를 증가하면 흔들리는 각도가 더 커진다. 이것은 **전류의 자기작용**에 의해 생기는 현상으로 1820년 **외르스테드**(H. C. Örsted)에 의하여 최초로 발견되었다.

또한 철분을 뿌린 두터운 종이 중앙에 수직으로 전선을 통하여 전류를 흘리고 종이를 가볍게 두들이면 철분은 전선을 중심으로 동심원을 그리며, 전선 가까운 쪽의 철분의 밀도가 크게 된다. 그림 3-5와 같이 자침을 놓으면 자력선(자계)의 방향은 그림과 같이 시계 바늘이 도는 방향으로 되며, 전류의 방향을 반대로 하면 자침의 방향도 반대로 된다.

따라서 그림 3-6과 같이 전류의 방향을 오른나사가 진행하는 방향으로 하면 오른나사가 도는 방향으로 자력선(자계)이 생기고, 반대로 나사가 회전하는 방향으로 전류가 흐르면 나사가 진행하는 방향으로 자력선이 생긴다. 이것을 **암페어의 오른나사 법칙**(Ampere's right handed screw rule)이라 한다.

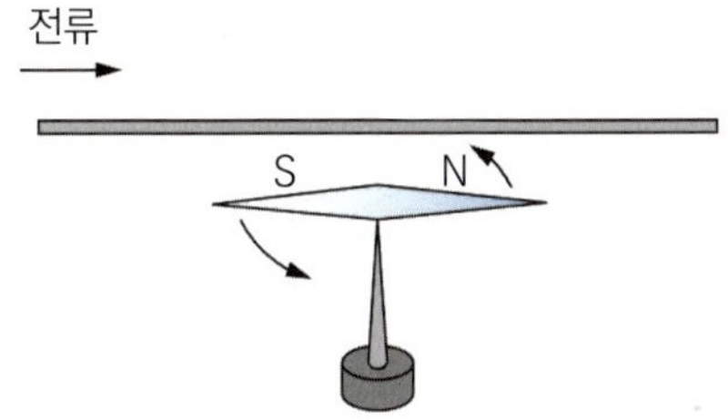

그림 3-4 전류와 자계

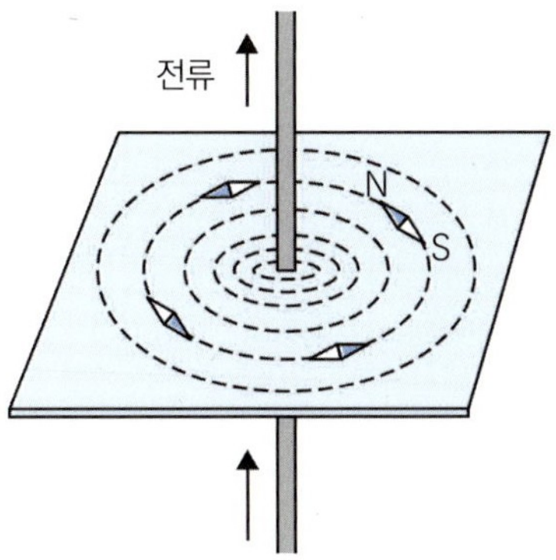

그림 3-5 전류에 의한 자력선

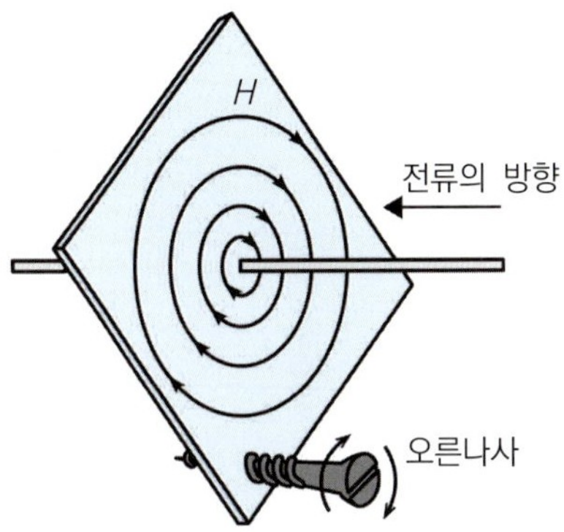

그림 3-6 암페어의 오른나사 법칙

전류의 방향을 기호로 표시하면, 지면에 수직으로 들어가는 방향은 ⊗, 지면에서 나오는 방향을 ◉표로 표시한다고 약속한다. 이 기호를 이용하여 전류와 자계의 관계를 표시하면 그림 3-7과 같다.

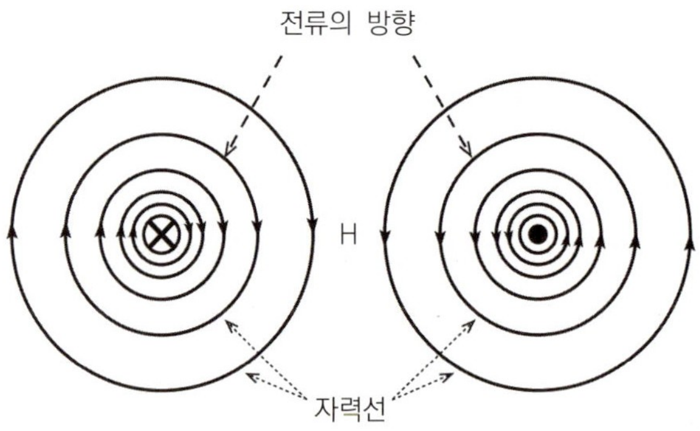

그림 3-7 전류와 자계의 방향의 관계

전선에 I[A]의 전류가 흐를 때 전선에서 r[m] 떨어진 점의 자계의 세기 H[AT/m]는

$$H = \frac{I}{2\pi r} \quad [AT/m] \tag{3-11}$$

이다.

2) 코일에 흐르는 전류에 의한 자계

전선을 원형으로 구부린 다음 그림 3-8과 같이 전류를 흘리면 원의 중심에 놓은 자침이 흔들린다. 이것은 원형전류의 방향이 오른나사를 돌리는 방향이면 이에 의한 자계가 오른나사의 진행방향으로 생기기 때문이다. 이것이 원 전류에 대한 암페어의 오른나사 법칙이다.

전선을 빈틈없이 원통형으로 감은 것을 **코일**(coil) 또는 **솔레노이드**(solenoid)라 한다. 이것에 전류를 흘리면 그림 3-9와 같은 자계가 생긴다.

이 경우 자계의 방향은 암페어의 오른나사 법칙을 적용해도 알 수 있지만 **암페어의 오른손 법칙**(Ampere's right hand rule)을 사용하여도 쉽게 알 수 있다.

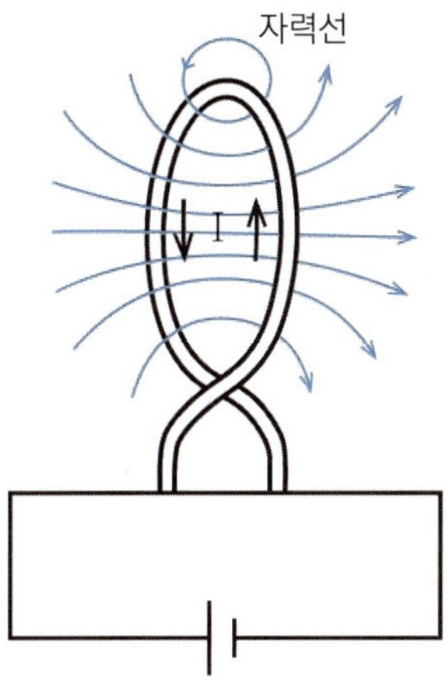

그림 3-8 원형전류의 자계

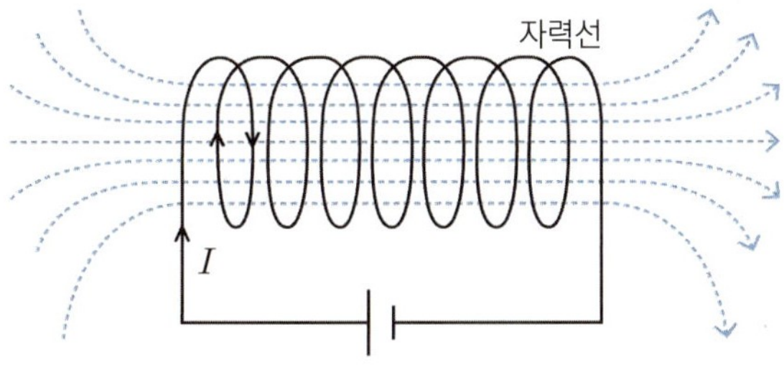

그림 3-9 솔레노이드의 자계

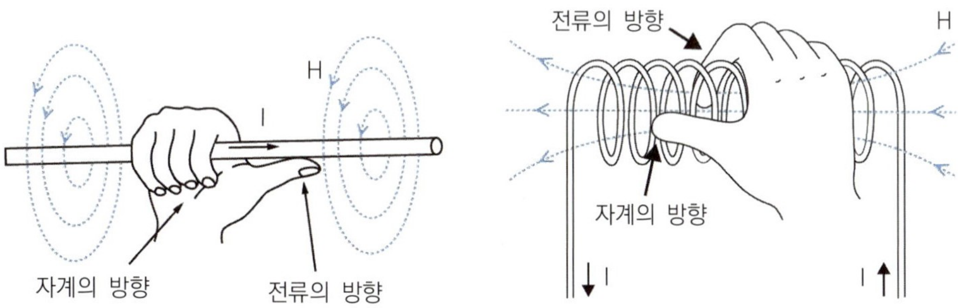

그림 3-10 암페어의 오른손 법칙

그림 3-10과 같이 오른손의 엄지손을 펴고 다른 4개의 손가락을 전류의 방향으로 하여 코일을 잡으면 엄지손가락의 방향이 코일 내의 자력선의 방향이 된다. 직선전류의 경우에는 엄지손가락의 방향을 전류로 하고 전선을 쥐면 다른 4개의 손가락의 방향이 자력선의 방향이 된다. 솔레노이드에 전류를 흘리면 자석과 같은 극성을 갖는다.

즉, 자력선이 나가는 쪽이 N극이며, 들어오는 쪽이 S극이다.

3) 비오·사바르의 법칙

전선에 전류를 흘렸을 때 주위의 어떤 한 점에 생기는 자계는 전선의 각 미소부분에 생기는 자계의 총합이다.

그림 3-11과 같이 전선 O점의 미소 부분 △l에서 r[m] 떨어져 있는 점 P에 생기는자계의 세기 △H는

$$\Delta H = \frac{I\,\Delta l\,\sin\theta}{4\pi r^2}\ [AT/m] \qquad (3-12)$$

이다.

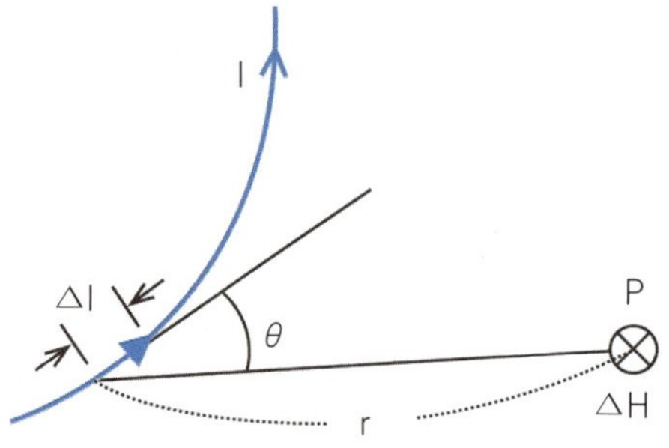

그림 3-11 비오 · 사바르의 법칙

이것을 **비오·사바르의 법칙**(Biot-Savart's law)이라 한다.

P점의 자계의 세기 H[AT/m]는 전선의 각 미소부분 △l에 흐르는 전류에 의해 P점에 생기는 자계의 세기 △H[AT/m]를 합성한 것이며, 자계의 방향은 암페어의 오른나사 법칙에 의해 ⊗의 방향이다.

반경 r[m], 권선수 N회인 원형코일에 흐르는 전류 I[A]에 의해 코일 중심 O에 생기는 자계의 세기 H[AT/m]는 비오 · 사바르의 법칙에 의해

$$H = \frac{NI}{2r}\ [AT/m] \qquad (3-13)$$

이다. 전류에 의해 생기는 자계는 전류 I와 코일의 권선수 N과의 곱에 비례하며, 자계를 만드는 원인이 되는 이 NI를 **기자력**(magnetomotive force)이라 하고, 단위는 **암페어 횟수**(ampere turn, 기호 AT)를 사용한다.

7. 철의 자화현상

1) 자화곡선(B-H 곡선)

철을 일정한 자계 중에 놓고 자화하는 경우, 자화력 H[AT/m]를 0에서부터 점차로 증가시켜 여기에 대응하는 자속밀도 B[Wb/m^2]를 그리면 그림 3-12와 같은 곡선이 된다. 이것을 **자화곡선**(magnetization curve) 또는 B-H곡선이라 한다.

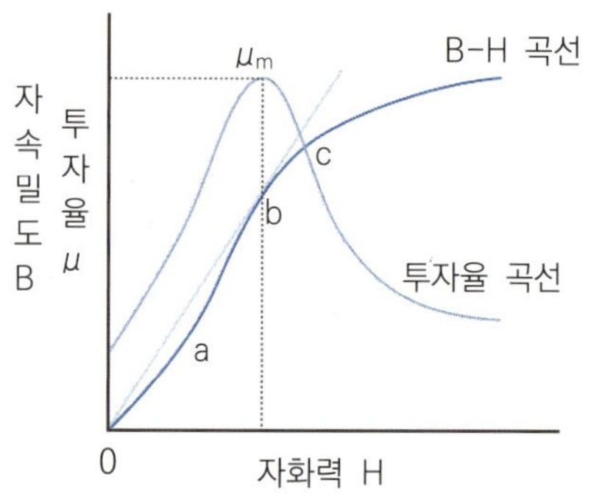

그림 3-12 자화곡선과 투자율곡선

자속밀도 B는 자화력 H의 증가에 따라 증가하지만, 어느 정도 이상이 되면 자화력을 증가시켜도 자속밀도는 증가하지 않고 일정하게 된다. 이

러한 현상을 철의 자기포화라 하며, 이 의미에서 자화곡선을 **포화곡선**(saturation curve)이라고도 한다.

2) 투자율 곡선

그림 3-12에서 자화력 H에 상당하는 자속밀도 B의 값에서 투자율 $\mu = B/H$를 구하면 **투자율 곡선**이 얻어진다. 0부근에서는 비교적 낮은 값이나 b(0에서 B-H곡선에 접선을 그어 만난 점)부근에서 최대의 값 μ_m이 되며 이후 점차 감소하여 μ_0(진공의 투자율)에 가까워진다.

투자율 곡선의 각각의 값을 μ_0로 나누면 비투자율 μ_s의 변화를 나타내는 비투자율 곡선이 구해진다.

3) 자기 히스테리시스 현상

일반적으로 철을 자화하면 자화력 H를 제거하여도 다시 중성상태로 돌아가는데 얼마간의 자기가 남는다.

그림 3-13과 같이 자화되지 않은 중성의 철에 자화력을 0에서 H_m까지 가하면 자속밀도 B는 자화곡선에 따라 b점에 달한다. 이때의 자속밀도는 $+B_m$이 되어 포화현상을 나타낸다. b점에서 자화력 H를 감소시키면 자화곡선은 본래의 경로로 되돌아가지 않고 bc와 같이 돌아간다. 이러한 현상을 **자기 이력현상** 또는 **자기 히스테리시스 현상**(magnetic hysteresis phenomena)이라 한다.

자화력 H를 $+H_m$와 $-H_m$의 범위 내에서 순환하면, 자속밀도 B도 $+B_m$에서 $-B_m$까지 변환하여 하나의 환선(loop)을 그린다. 이 환선을 **히스테리시스 루프**(hysteresis loop)라 한다.

이 루프에서 자화력 H가 0인 경우의 자속밀도 B_r을 잔류자기(residual magnetism)라 하며, H를 반대방향으로 B를 0으로 할 때의 값 H_c를 보자력(coercive force)이라 한다.

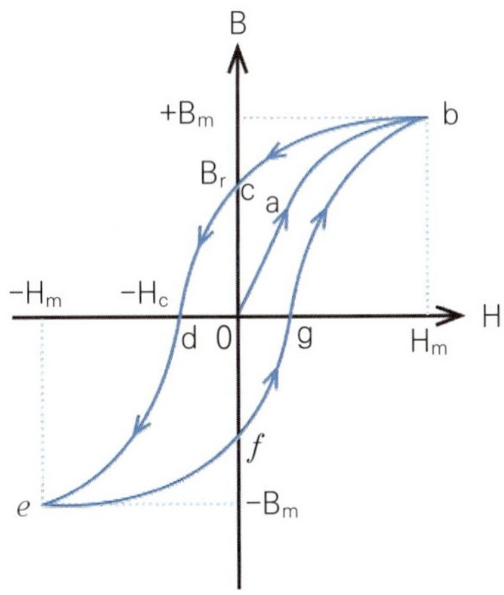

그림 3-13 히스테리시스 루프

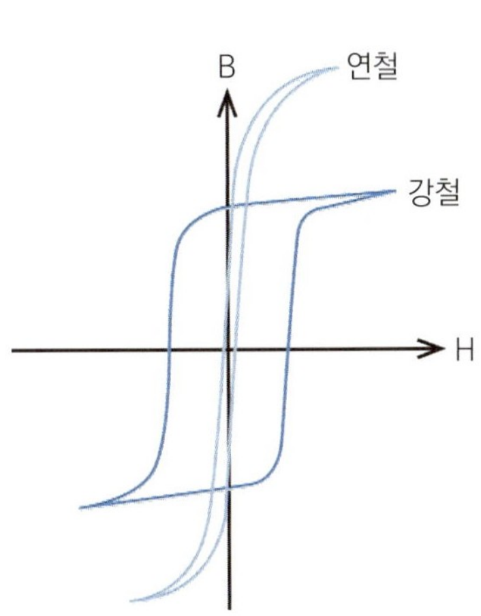

그림 3-14 재료에 따른 히스테리시스 루프

히스테리시스 루프는 자성체의 성질을 나타내는 것으로, 전자석의 재료로 적당한 연철은 B_r이 크고 H_c가 적어 곡선이 가늘고 길며, 영구자석의 재료인 강철은 B_r은 그다지 크지 않고 H_c가 크다(그림 3-14).

4) 히스테리시스 손

철을 자화시키는 방향을 바꿀 때마다 철의 분자 자석 사이에 마찰이 생겨 히스테리시스 루프의 면적에 비례하는 손실이 생기면서 열이 발생한다. 이것을 **히스테리시스 손**(hysteresis loss)이라 한다. 히스테리시스 손은 전기기계, 기구의 효율을 좌우하는 중요한 손실의 하나로 슈타인메쯔(C. P. Steinmetz)에 의한 실험식은 다음과 같다. 즉 체적을 $V[m^3]$, 최대자속밀도를 $B_m[Wb/m^2]$, 1초 동안에 히스테리시스 루프를 그리는 횟수를 f라 하면 히스테리시스 손 W_h는

$$W_h = \eta \, f \, B_m^{\ 1.6} \quad [W/m^3] \qquad (3-14)$$

이다. 여기서 η는 히스테리시스 상수이며 재질에 따라 서로 다르며 표 3-1과 같다. 1.6의 지수를 **슈타인메쯔 정수**(Steinmetz's constant)라 한다.

표 3-1 물질의 히스테리시스 상수

물질	히스테리시스 상수
규소강	$2.5 \sim 1.5 \times 10^2$
변압기용 철심	2.8×10^2
주철	$28 \sim 40 \times 10^2$
니켈	$33 \sim 95 \times 10^2$
코발트	30×10^2

8. 자기회로

1) 자기회로의 옴의 법칙

철과 같은 강자성체에 코일을 감아서 전류를 흘리면 자속이 생기며, 이때 자속이 통하는 통로를 **자기회로** 또는 **자로**(magnetic circuit)라고 하며 전기회로와 비슷하게 취급할 수 있다(표 3-2).

자기회로에 자속을 흐르게 하는 원동력을 **기자력**이라 하며, 코일에 흐르는 전류 I[A]와 코일의 권선수 N과의 곱 NI이다. 자기회로의 기자력을 NI[AT], 회로를 지나는 자속을 ϕ [Wb], 자기저항을 R_m[AT/Wb]라 하면 다음의 관계가 있다.

$$\phi = \frac{NI}{R_m}\ [\mathrm{Wb}] \qquad (3-15)$$

이것을 **자기회로의 옴의 법칙**이라고 한다.

자기저항(reluctance) R_m은 자기회로의 길이 ℓ에 비례하고, 단면적 S와 투자율 μ에 반비례한다. 즉 자기저항 R은

$$R_m = \frac{\ell}{\mu S}\ [\mathrm{AT/Wb}] \qquad (3-16)$$

이 된다.

표 3-2 전기회로와 자기회로의 대응

전 기 회 로		자 기 회 로	
전압	V [V]	기자력	NI [AT]
전기저항 $R = \rho\frac{\ell}{S}$	R [Ω]	자기저항 $R_m = \frac{\ell}{\mu S}$	R_m [AT/Wb]
전류 $I = \frac{V}{R}$: 옴의 법칙	I [A]	자속 $\phi = \frac{NI}{R_m}$: 옴의 법칙	ϕ [Wb]
도전율	K [℧/m]	투자율	μ [H/m]

전기회로의 누설전류는 무시할 수 있을 정도로 작지만, 자기회로에서는 자로 밖으로 누설되는 자속, 즉 **누설자속**(leakage magnetic flux)이 매우 크다. 이 현상을 **자기누설**(magnetic leakage)이라 한다.

일반적으로 자기회로의 전 자속과 예정된 회로를 통하는 유효자속과의 비를 **누설자속계수**(leakage magnetic flux coefficient)라 한다.

$$\text{누설자속계수} = \frac{\text{전자속}}{\text{유효자속}} = \frac{\text{유효자속} + \text{누설자속}}{\text{유효자속}} > 1 \qquad (3-17)$$

이 값은 전기기기 등에서는 대체로 1.1~1.4정도이다.

2) 자기회로의 손실

자기회로의 열 손실은 코일에 흐르는 전류에 의해 I^2R의 주울열로 소비되는 **동손**(copper loss)과 철심에서 소비되는 **철손**(iron loss)이 있다. 철손은 무부하 상태에서 생기는 손실로 **무부하손**이라 하며, 동손은 부하의 변동에 따라 다르므로 **부하손**이라 한다.

철손에는 히스테리시스손과 **와류손**(eddy current loss)이 있는데 히스테리시스손이 와류손보다 크며, 그 비는 대체로 4:1 정도이다.

와류손의 크기는 $d^2f^2B_m{}^2$에 비례한다. 여기서 d는 두께, f는 주파수, B_m은 최대자속밀도로서 와류손을 줄이기 위해서는 두께를 얇게 할 필요가 있기 때문에, 자기회로의 철심은 성층철심을 사용한다. 히스테리시스손을 적게 하기 위해서는 철심에 규소를 넣은 규소강판(규소 3~5% 함유)을 사용한다. 그러므로 자기회로의 철손을 줄이기 위해서는 규소강판을 성층한 철심을 사용한다.

9. 전류와 자계 사이에 작용하는 힘

자계 내에 도체를 놓고 여기에 전류를 흘리면 도체에는 힘이 작용한다. 이 힘을 **전자력**(electromagnetic force)이라 한다.

1) 전자력의 방향과 세기

그림 3-15 (a)는 도체를 자계 내에 놓고 전류를 흘린 경우이며, (b)는 전류가 흐르지 않을 때의 자력선 분포와 전류만에 의하여 이루어지는 동심 원형의 자계를 표시하고 있다. (c)는 (b)의 경우를 합성한 자계를 표시한 것이다.

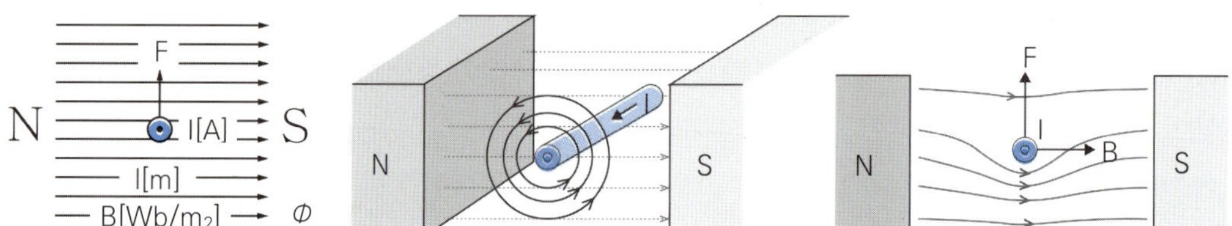

(a) 도체를 자계 내에 놓고 전류 흘린 경우 (b) 자석과 전류의 자계분포 (c) 합성된 자계분포

그림 3-15 전자력

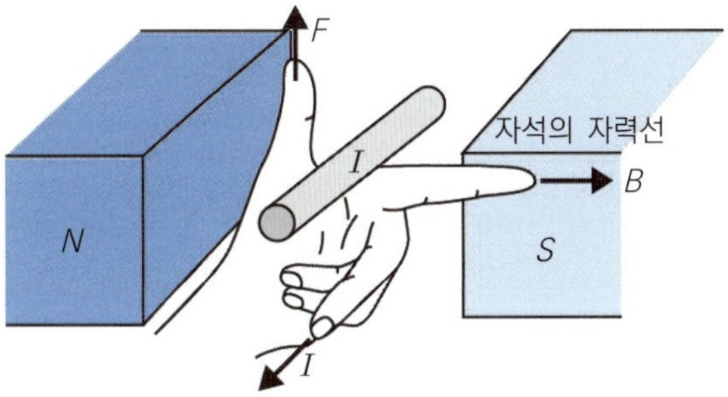

그림 3-16 플레밍의 왼손법칙

전자력의 방향은 자속의 방향과 전류의 방향을 직각으로 놓으면 이것들에 대하여 직각으로 된다. 그림 3-16과 같이 왼손의 세 손가락을 서로 직각으로 펼치고, 가운데 손가락을 전류, 둘째 손가락을 자계의 방향으로 하면 엄지 손가락의 방향은 전자력의 방향이다. 이것을 **플레밍의 왼손법칙**(Fleming's left hand rule)이라 하며, 전동기의 원리가 된다.

자속밀도가 B[Wb/m^2]인 자계 중에 길이 ℓ [m]인 도선을 자계의 방향에 대하여 θ의 각을 이루게 놓고 I[A]의 전류를 흐르게 하면 도체에 작용하는 힘 F는

$$F = BI\ell\sin\theta \quad [N] \tag{3-18}$$

이며, θ가 90°인 경우 다음과 같다.

$$F = BI\ell \quad [N] \tag{3-19}$$

2) 평행전선 사이에 작용하는 힘

직선도체에 전류가 흐르면 그 주위에 자계가 생긴다. 그 자계 속에 다른 전류가 흐르고 있는 도체를 놓으면 이 도체에는 힘이 작용하게 된다. 이 힘은 그림 3-17과 같이 두 전류의 방향이 같은 방향일 경우에는 두 전선 사이에는 흡인력이 작용하고, 전류의 방향이 서로 반대의 경우에는 반발력이 작용한다.

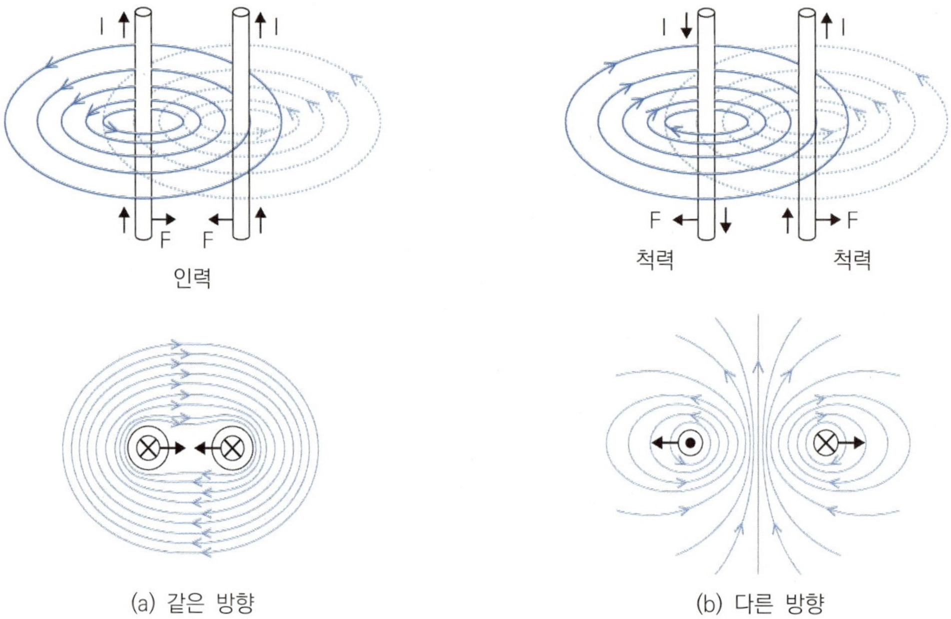

그림 3-17 평행전선 사이에 작용하는 힘

3) 장방형 코일에 작용하는 힘

그림 3-18과 같이 자속밀도 B[Wb/m^2]의 평등자계 중에 장방형의 코일을 놓고 I[A]의 전류를 흐르게 하면 코일의 변 1,2 및 3,4에는 힘이 작용한다.

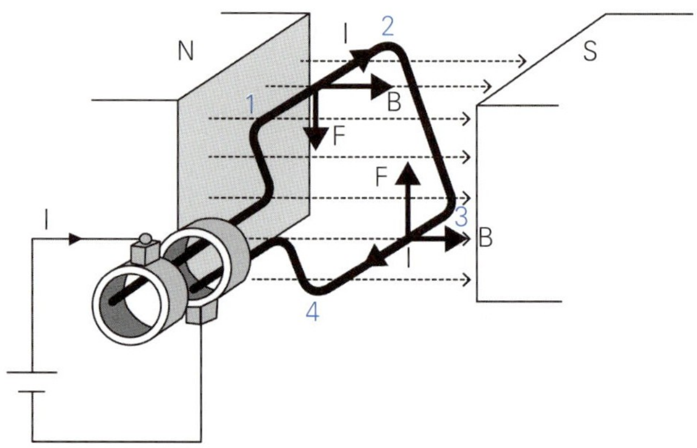

그림 3-18 장방형 코일에 작용하는 힘(전동기의 원리)

코일의 변 1,2 및 3,4의 길이를 a[m], 변 2,3 및 1,4의 길이를 b[m]라 하면 변 1,2 및 3,4에 작용하는 힘 F는 식 (3-19)로부터

$$F = BIa\sin\theta \quad [N] \tag{3-20}$$

이다. 이때 전자력의 방향은 플레밍의 왼손법칙에 따라 서로 반대방향으로 작용한다. 이와 같이 크기가 같고 방향이 서로 반대인 두 힘을 **우력**이라 하며, 이 우력에 의해 코일 중심을 축으로 하여 **회전력**(torque)이 작용한다. 회전력의 크기는 힘과 우력간의 수직거리의 곱에 비례하므로, 권선수 N회인 코일의 회전력 T는

$$T = Fb = NBIab\sin\theta = NBIS\sin\theta \quad [N \cdot m] \tag{3-21}$$

가 된다. 여기서 S는 코일의 단면적 ab[m^2]이다.

10. 전자유도

그림 3-19 (a)와 같이 코일에 자석을 가까이 했다, 멀리했다 하면 자석이 움직이는 동안에는 코일에 전류가 흘러 자석을 움직이는 방향에 따라 검류계 G의 지침이 흔들린다. 또 그림 3-19 (b)와 같이 자계 내에 도체를 넣고 이것을 상하로 움직이면 도체의 양단에 연결한 검류계 G의 지침이 움직여 전류가 흐르는 것을 알 수 있다. 이와 같이 코일 내를 관통하는 자속이 시간적으로 변화하거나 도체가 자속을 끊어주면 코일 및 도체에는 기전력이 발생하고 전류가 흐른다.

이와 같은 현상을 **전자유도**(electromagnetic inductuon)라 하고, 이때 생기는 기전력을 **유도기전력**(induced electromotive force), 흐르는 전류를 **유도전류**(induced current)라 한다.

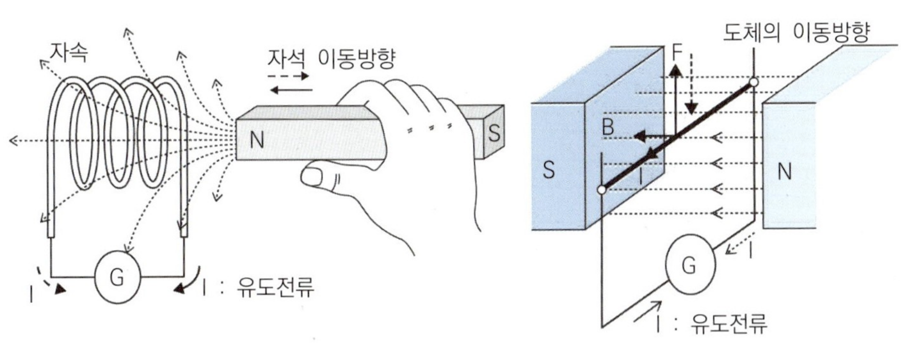

(a) 코일의 자속이 변화할 때 (b) 도체가 자속을 절단할 때

그림 3-19 전자유도(발전기의 원리)

1) 코일 내 자속이 변화하는 경우

전자유도에 의하여 코일에 유도된 기전력의 방향은 코일내의 자속의 변화를 방해하는 방향으로 발생한다. 이것을 **렌츠의 법칙**(Lenz's law)이라 한다. 또 전자유도에 의하여 발생한 유도기전력의 크기는 코일을 관통하는 자속의 변화율과 코일의 권선수의 곱에 비례한다. 이것을 **패러데이의 법칙**(Faraday's law)이라 한다.

권선수 N회의 코일을 관통하는 자속 ϕ가 dt간에 $d\phi$[Wb] 만큼 변화하였을 때 발생하는 유도기전력 e는

$$e = N\frac{d\phi}{dt}\ [V] \tag{3-22}$$

이다. 여기서 렌츠의 법칙을 부가시키면 유도기전력 e는 다음과 같다.

$$e = -N\frac{d\phi}{dt}\ [V] \tag{3-23}$$

2) 도체가 자속을 절단하는 경우

직선 도체가 자속을 절단할 때 도체 내에 유도되는 기전력의 방향을 알기 위해서는 플레밍의 오른손 법칙을 이용한다. 즉 오른손 세 손가락을 그림 3-20과 같이 서로 직각방향으로 펼쳤을 때 엄지손가락을 도체의 운동방향, 둘째손가락을 자계의 방향으로 향하게 하면, 유도기전력의 방향은 가운데 손가락 방향이 된다. 이것을 **플레밍의 오른손 법칙**(Fleming's right hand rule)이라 하며, 발전기의 원리가 된다.

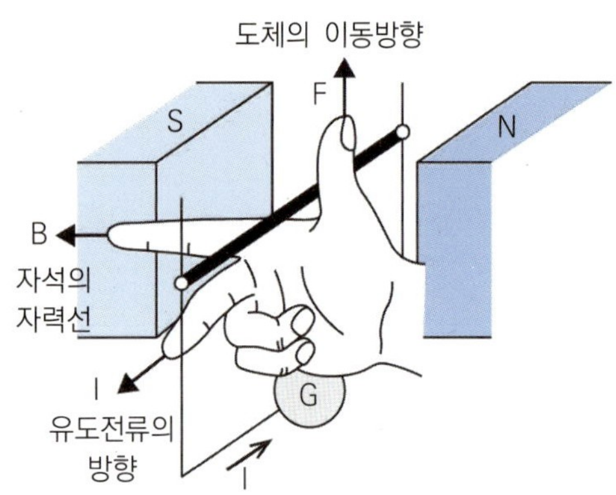

그림 3-20 플레밍의 오른손법칙

길이 ℓ[m]인 도체가 자속밀도 B[Wb/m^2]의 자계 내에서 θ의 각도방향으로 v[m/s]의 속도로 움직일 때 발생하는 유도기전력 e는

$$e = B\ell v\sin\theta\ [V] \tag{3-24}$$

이며 θ가 90°인 경우는 다음과 같이 된다.

$$e = B\ell v\ [V] \tag{3-25}$$

11. 자기유도

그림 3-21과 같이 코일의 전류가 증가하거나 감소하고 있을 때 렌츠의 법칙에 의해 전류의 변화를 방해하는 방향으로 코일 자신에 기전력이 유도되는 현상을 **자기유도**(self induction)또는 **자체유도**라 한다. 이때 발생하는 유도기전력의 크기는 패러데이의 법칙에 따라 $e = N\frac{d\phi}{dt}$ [V]이다.

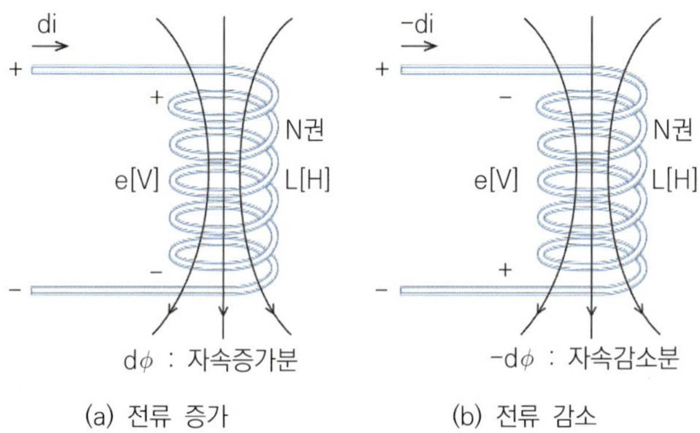

그림 3-21 자기유도

그런데 자기회로에서 권선수 N회인 코일의 자속이 ϕ라면 자속쇄교수(자속×권선수) $N\phi$는 전류 I에 비례하므로, 비례상수를 L이라 하면

$$N\phi = LI \quad (3-26)$$

가 되므로 유도기전력 e는

$$e = N\frac{d\phi}{dt} = L\frac{di}{dt} \text{ [V]} \quad (3-27)$$

가 된다.

비례상수 L은 **자기인덕턴스**(self inductance) 또는 **자기유도계수**라 하며, 단위는 **헨리**(Henry, 기호 H)를 사용한다. 헨리라는 단위는 매우 크기 때문에 실제로는 [mH]를 사용한다. L은 코일의 형태, 권선수 및 자로의 투자율 등에 의해 정해지는 상수이다.

12. 상호유도

그림 3-22와 같이 2개의 코일 P, S를 서로 접근시키고 P코일에 전류를 흘리면, P에 생기는 자속의 일부가 S와 쇄교한다. 따라서 코일 P의 전류가 변화하면 코일 S의 자속쇄교수가 변화하므로 코일 S에 기전력이 유도된다.

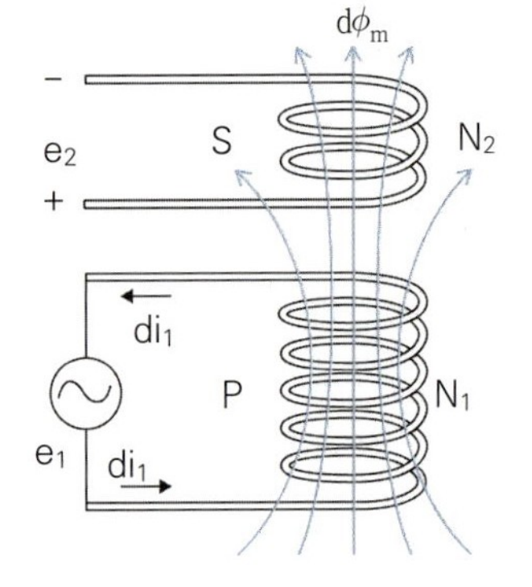

그림 3-22 상호유도

이와 같이 한쪽 코일의 전류가 변화할 때 다른 쪽 코일에 유도기전력이 발생하는 현상을 **상호유도**(mutual induction)라 하며, 변압기 등에 응용된다.

코일 P에 I_1[A]을 흘린 경우 코일 S와 쇄교하는 자속을 ϕ_m[Wb]이라 하고, 전류 I_1이 dt초간에 di_1[A] 만큼 변화할 때 자속 ϕ_m이 $d\phi_m$[Wb]만큼 변화하였다면 코일 S에 유도되는 기전력 e_2는

$$e_2 = N_2 \frac{d\phi_m}{dt} \text{ [V]} \tag{3-28}$$

이다. 여기서 N_2는 코일 S의 권선수이다.

자속쇄교수 $N_2\phi_m$은 전류 I_1에 비례하므로, 비례상수 M을 사용하면

$$N_2\phi_m = MI_1 \tag{3-29}$$

이 되므로 식 (3-28)은

$$e_2 = N_2 \frac{d\phi_m}{dt} = M\frac{di_1}{dt} \text{ [V]} \tag{3-30}$$

이 된다. 비례상수 M은 **상호인덕턴스**(mutual inductance) 또는 **상호유도계수**라 하며, 단위는 헨리를 사용한다. M은 코일 P, S의 권선수, 코일의 형태, 상호배치 및 주위 물질의 투자율에 의하여 결정되는 값이다.

13. 자계 내에 축적되는 에너지

큰 인덕턴스를 가지고 있는 코일에 전류를 흘리면 전자 에너지(electromagnetic energy)가 항상 자기회로 내에 축적되고 있다. 이 에너지는 전기용접 등에 응용되고 있다.

자기인덕턴스 L[H]의 코일에 I[A]의 전류가 흘렀을 때 코일이 만드는 자계 내에 축적되는 에너지 W는

$$W = \frac{1}{2}LI^2 \quad [J] \tag{3-31}$$

이다.

제 4 장

교류

Alternating Current

제 4 장
교류

학습목표	중심단어
1 교류의 성질에 대해 설명한다. (A)	교류
2 교류의 크기, 파형률, 파고율에 대해 설명한다. (A)	교류의 크기
3 위상, 벡터 및 임피던스에 대해 설명한다. (A)	위상, 벡터, 임피던스
4 저항, 코일, 콘덴서의 직렬접속시 전기특성을 설명한다. (A)	저항, 코일, 콘덴서
5 저항, 코일, 콘덴서의 병렬접속시 전기특성을 설명할 수 있다. (B)	저항, 코일, 콘덴서
6 직렬공진회로의 전기특성을 설명한다. (A)	직렬공진
7 병렬공진회로의 전기특성을 설명할 수 있다. (B)	병렬공진
8 단상교류회로의 전력을 설명한다. (A)	단상교류의 전력
9 3상교류회로의 특징 및 결선을 설명할 수 있다. (B)	3상교류

1. 직류와 교류

직류(direct current, D.C)는 시간에 따라 방향이 일정한 전류이며, 크기가 일정한 불변전류와 변동하는 맥동전류가 있다. **교류**(alternating current, A.C)는 시간에 대해서 크기와 방향이 주기적으로 변하는 전류이며, 그의 변화가 사인파(sine wave)형으로 되는 것을 사인파 교류 또는 정현파 교류라 하고, 사인파가 아닌 것을 비정현파 교류라 한다. 가정이나 공장 등에서 일반적으로 사용되는 것은 정현파 교류이다.

2. 정현파 기전력

그림 4-1과 같이 자속밀도 B[Wb/m^2]인 평등자계 내를 길이 ℓ [m]인 코일이 v[m/s]의 일정속도로 회전하면 플레밍의 오른손 법칙에 의해 기전력이 발생하고, 그 크기는 식 (3-25)와 같이

$$e(\theta) = B\,\ell\,v\,\sin\theta\ [V] \tag{4-1}$$

이다. 이때 $B\ell v$는 일정한 값이 되기 때문에 $B\ell v = E_m$으로 놓으면 식 (4-1)은

$$e(\theta) = E_m\,\sin\theta\ [V] \tag{4-2}$$

가 된다.

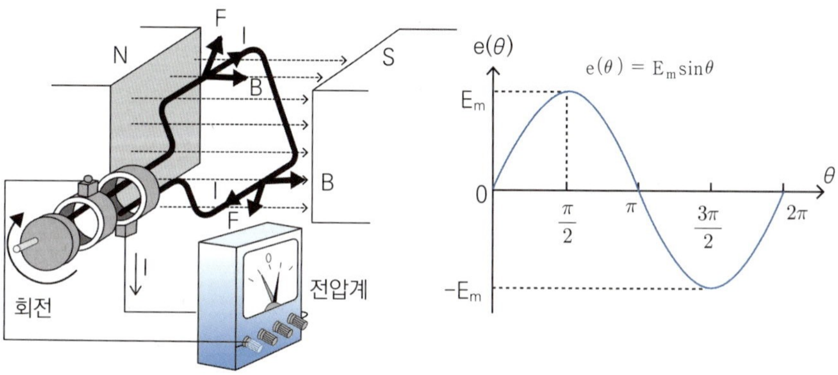

(a) 기전력의 발생(발전기)　　(b) 정현파 기전력

그림 4-1 정현파 기전력의 발생

결국 코일에 유도되는 기전력 $e(\theta)$는 회전각 θ의 정현에 의해 변화하므로 정현파 기전력이라 하며, $e(\theta)$를 **순시값(순시치**, instant value)이라 하고, $e(\theta)$중 최대가 되는 E_m을 **최대값(최대치**, maximum value)이라 한다.

식 (4-2)의 관계를 그래프로 나타내면 그림 4-1 (b)와 같이 된다.

3. 주파수

교류의 파형이 한 차례 변화하여 처음의 상태로 완전히 변화하는 것을 1사이클(cycle), 1사이클에 요하는 시간을 **주기**(period, T), 1초 동안의 사이클 수를 **주파수**(frequency, f)라 하며, 주파수의 단위는 **헤르츠**(Hertz, 기호 Hz)를 사용한다.

주기 T[s]와 주파수 f[Hz]는 다음과 같은 관계가 있다.

$$T = \frac{1}{f}\ [s],\quad f = \frac{1}{T}\ [Hz] \tag{4-3}$$

우리나라에서 사용하는 교류전원의 주파수는 60[Hz]이며, 이 주파수를 **상용주파수**(commercial frequency)라 한다.

4. 코일의 각속도

코일의 회전 각속도(angular velocity)를 ω[rad/s]라 표시하며, 다음과 같은 관계가 있다.

$$각속도(\omega) = \frac{1헤르쯔\ 동안의\ 회전각}{1헤르쯔\ 동안의\ 시간} = \frac{2\pi}{T} = 2\pi f\ [rad/s] \quad (4-4)$$

t초 후의 회전각 θ는

$$\theta = \omega t = 2\pi f t\ [rad] \quad (4-5)$$

가 되므로 식 (4-2)의 정현파 기전력 e는 다음과 같이 쓸 수 있다.

$$e(t) = E_m \sin\theta = E_m \sin\omega t = E_m \sin 2\pi f t\ [V] \quad (4-6)$$

5. 교류 발전기

그림 4-1과 같은 2극 발전기에서는 1회전마다 1사이클의 교류를 발생한다. 4극 발전기에서는 1회전하면 2사이클, 6극 발전기에서는 3사이클의 교류를 발생한다.

일반적으로 P극의 발전기에서는 1회전마다 발생하는 주파수는 $\frac{P}{2}$가 되므로, 코일 또는 자극의 1분간의 회전수를 N_s[rpm](revolution per minute)라 하면 주파수 f는

$$f = \frac{P}{2} \times \frac{N_s}{60}\ [Hz] \quad (4-7)$$

가 된다. 따라서 f[Hz]의 교류를 발생하는데 필요한 회전수 N_s는

$$N_s = \frac{120 f}{P}\ [rpm] \quad (4-8)$$

이다. 이때 N_s를 **동기속도**(synchronous speed)라 하며, 교류 발전기는 동기속도로 회전하므로 동기 발전기(synchronous generator)라 한다.

6. 교류의 크기

교류의 크기를 나타내는 데에는 순시값, 최대값, 평균값, 실효값 등이 있다.

교류의 전압, 전류는 일반적으로 다음과 같이 표시한다.

$$e(t) = E_m \sin\omega t \ [V]$$
$$i(t) = I_m \sin\omega t \ [A] \qquad (4-9)$$

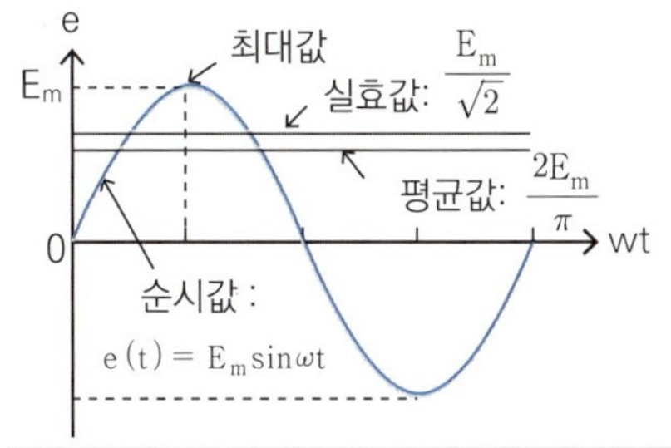

그림 4-2 교류전압의 크기

이때 e(t), i(t)는 시시각각으로 그 값이 변화하는 **순시값**이라 하고, 이 중 가장 큰 값인 E_m, I_m을 **최대값**이라 한다.

1) 실효값

어느 저항에 일정시간 동안 교류를 흘려 발생하는 열량이 그 저항에 I[A]의 직류가 같은 시간 동안 흘러 발생하는 열량과 같을 때, 이 직류의 값을 교류의 **실효값**(effective value)이라 한다. 교류의 실효값은 순시값의 2승의 평균의 평방근(root mean square 또는 rms)으로 정의한다. 그러므로 정현파 교류의 실효값과 최대값은 다음의 관계가 있다.

$$E = \frac{E_m}{\sqrt{2}} \fallingdotseq 0.707E_m \ [V], \qquad I = \frac{I_m}{\sqrt{2}} \fallingdotseq 0.707I_m \ [A] \qquad (4-10)$$

2) 평균값

정현파 교류는 정(+)파와 부(-)파의 파형이 대칭이므로 1사이클의 평균값은 0이 된다. 따라서 반 사이클의 순시값의 평균을 그 교류의 **평균값**(mean value)이라 한다. 그러므로 정현파 교류의 평균값과 최대값과는 다음과 같은 관계가 있다.

$$E_{ave} = \frac{2}{\pi}E_m \fallingdotseq 0.637E_m \ [V], \quad I_{ave} = \frac{2}{\pi}I_m \fallingdotseq 0.637I_m \ [A] \qquad (4-11)$$

7. 파형률과 파고율

교류의 파형을 수량적으로 표시하는데는 **파형률**(form factor)과 **파고율**(crest factor)을

사용하는 경우가 있다. 따라서 정현파 교류 $e(t) = E_m \sin\omega t$ [V]에 있어서

$$파형율 = \frac{실효값}{평균값} = \frac{\frac{1}{\sqrt{2}}E_m}{\frac{2}{\pi}E_m} = \frac{\pi}{2\sqrt{2}} \fallingdotseq 1.11 \quad (4-12)$$

$$파고율 = \frac{최대값}{실효값} = \frac{E_m}{\frac{1}{\sqrt{2}}E_m} = \sqrt{2} \fallingdotseq 1.414 \quad (4-13)$$

가 된다.

8. 위상(phase)

3개의 기전력 e_a, e_b, e_c가 그림 4-3과 같을 때, e_a와 e_b에서 e_b는 e_a보다 θ[rad] 만큼 **위상**(phase)이 늦다(**지상**, lag phase)고 하며, e_c는 e_a보다 위상이 θ'[rad] 만큼 위상이 앞선다(**진상**, lead phase)고 한다. 이때 θ와 θ'를 **위상차**(phase difference)라 한다. 만일 $\theta = \theta' = 0$이 되면 e_a, e_b 및 e_c는 **동상**(inphase)이라 한다.

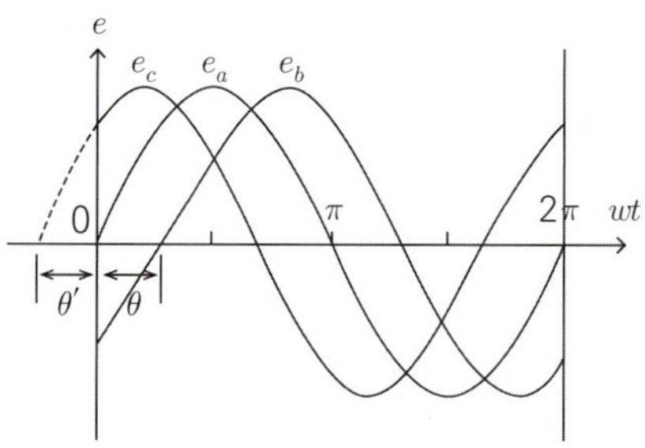

그림 4-3 교류전압의 위상

그림 4-3의 기전력 e_a, e_b, e_c는 각각 다음과 같이 표시한다.

$$e_a(t) = E_m \sin\omega t, \quad e_b(t) = E_m \sin(\omega t - \theta), \quad e_c(t) = E_m \sin(\omega t + \theta') \quad (4-14)$$

같은 방법으로 정현파 전압 e[V]와 정현파 전류 i[A]에서도 위상차가 생긴다. i가 e보다 위상이 늦은 것을 늦은 전류(**지상 전류**, lagging current)라 하며, i가 e보다 위상이 빠른 것을 앞선 전류(**진상 진류**, leading current)라 한다.

9. 정현파 교류와 벡터

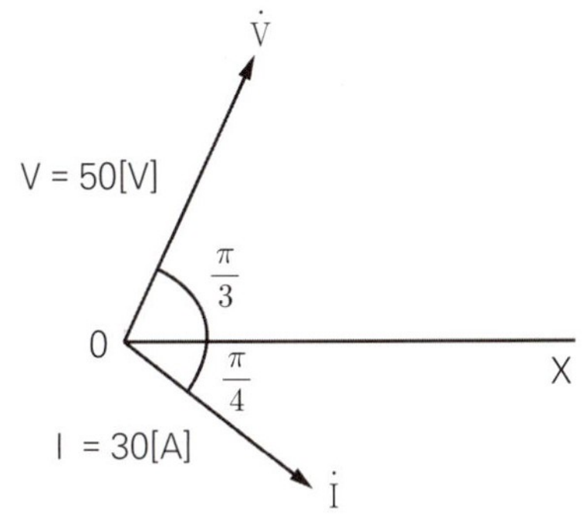

그림 4-4 벡터도의 예

시간 및 온도 등과 같이 크기만을 가진 양을 **스칼라 양**(scalar quantity)이라 하며, 속도, 전압, 전류 등과 같이 크기와 방향을 가진 양을 **벡터 양**(vector quantity)이라 한다.

스칼라 양은 크기에 비례하는 선분으로 표시하며, 벡터 양은 크기에 비례하는 길이의 선분 앞에 방향을 나타내는 화살표를 붙여 표시한다. 벡터를 문자로 나타낼 때는 $\dot{V}$, $\dot{I}$와 같이 문자 위에 점(dot)을 붙이고 V도트, 또는 벡터 V라 부르며, V, I 등의 문자는 벡터의 크기(절대치)를 나타내는 것이다. 벡터를 사용하여 전압, 전류의 크기나 위상관계를 나타낸 것을 벡터도(圖)라 한다. 기준선에서 반시계 방향의 각은 앞선 위상(+), 시계방향의 각은 뒤진 위상(-)으로 한다. 그림 4-4는 실효값이 50[V]와 30[A]이고 위상이 OX축을 기준으로 하여 각각 $\frac{\pi}{3}$[rad] 앞선 전압과 $\frac{\pi}{4}$[rad] 뒤진 전류를 벡터도로 나타낸 것이다.

10. 교류회로

1) 저항만의 회로(저항회로, R회로)

그림 4-5 (a)와 같이 저항 R[Ω]에 정현파 전압 $v(t) = V_m \sin\omega t$ [V]를 가하면 회로에 흐르는 전류 i[A]는 옴의 법칙에 의해서

$$i(t) = \frac{v(t)}{R} = \frac{V_m}{R}\sin\omega t = I_m \sin\omega t \quad [A] \tag{4-15}$$

이며,

$$I_m = \frac{V_m}{R} \ [A] \tag{4-16}$$

이 되고, 전압과 전류는 동상이며 그 파형과 벡터도는 그림 4-5 (b), (c)와 같이 된다. v(t) 및 i(t)의 실효치를 각각 V[V] 및 I[A]라 하면 $V_m = \sqrt{2}\,V$, $I_m = \sqrt{2}\,I$ 이므로 식 (4-16)으로부터 I는 다음과 같이 된다.

$$I = \frac{V}{R}\ [A] \tag{4-17}$$

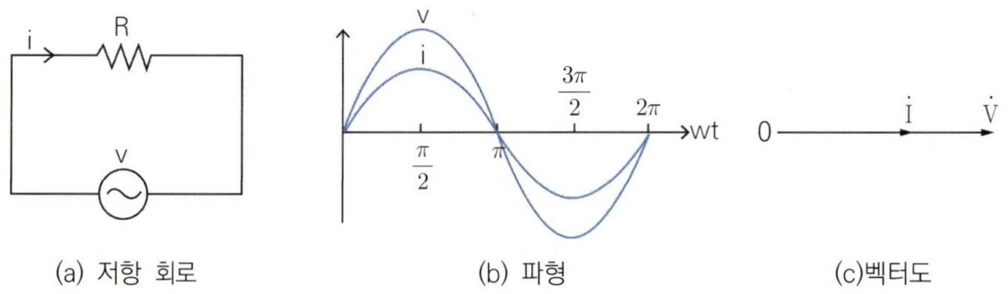

그림 4-5 저항 회로

2) 자기 인덕턴스만의 회로(코일회로, 유도회로, L회로)

그림 4-6 (a)와 같이 자기 인덕턴스 L[H]의 코일에 정현파 전압 v(t)[V]를 가하여 정현파 전류 $i(t) = I_m \sin\omega t$[A]를 흘리면, 이 전류는 시간적으로 변화하므로 코일에 역방향의 자기 유도기전력 e(t)[V]를 유도한다. 이 경우 자기 유도기전력 e(t)[V]는

$$e(t) = L\frac{di(t)}{dt} = L\frac{d(I_m \sin\omega t)}{dt} = \omega L I_m \cos\omega t = \omega L I_m \sin\left(\omega t + \frac{\pi}{2}\right) \tag{4-18}$$

공급전압 v(t)[V]와 유도기전력 e(t)[V]의 크기는 같으므로

$$v(t) = \omega L I_m \sin\left(\omega t + \frac{\pi}{2}\right) = V_m \sin\left(\omega t + \frac{\pi}{2}\right)\quad [V] \tag{4-19}$$

가 된다. 따라서 코일회로에서는 전압이 전류보다 $\frac{\pi}{2}$[rad] 만큼 위상이 앞선다.

전압과 전류의 파형 및 벡터도는 그림 4-6 (b), (c)와 같다.

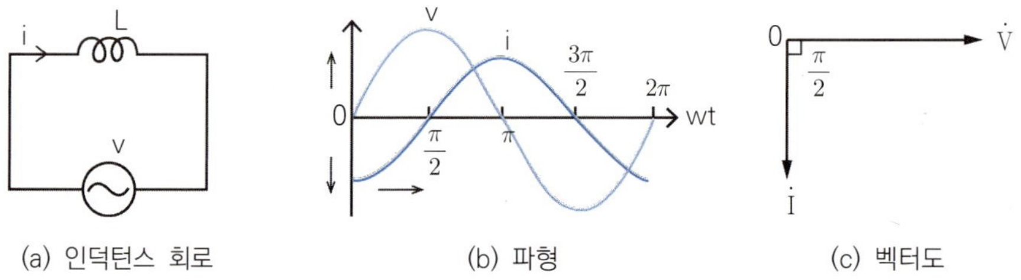

그림 4-6 인덕턴스 회로

식 (4-19)로부터

$$V_m = \omega L I_m \tag{4-20}$$

이며, v 및 i의 실효값을 V[V] 및 I[A]라 하고 $\omega L = X_L$이라 하면

$$V = I X_L \text{ [V]}, \qquad I = \frac{V}{X_L} \text{ [A]} \tag{4-21}$$

가 된다.

여기서 X_L은 교류의 저항 성분에 해당되는 것으로 **유도 리액턴스**(inductive reactance)라 하며, 단위는 [Ω]을 사용한다. 그러므로

$$X_L = \omega L = 2\pi f L \text{ [Ω]} \tag{4-22}$$

이다. X_L은 주파수에 비례하므로 주파수가 크면 X_L이 커져 전류의 흐름을 방해한다.

3) 정전용량만의 회로(용량회로, C회로)

그림 4-7 (a)와 같이 정전용량 C[F]의 콘덴서에 정현파 전압 $v(t) = V_m \sin\omega t$[V]를 가한 경우 콘덴서에 축적되는 전하는 $q(t) = Cv(t)$이며, 콘덴서 양극판의 전하가 시간적으로 변화하므로 콘덴서 양극판에는 전류 I[A]가 들어가고 나오고 한다. 전하의 시간적 변화율이 전류이므로 콘덴서에 흐르는 전류 I(t)는

$$i(t) = \frac{dq(t)}{dt} = \frac{d(C\,v(t))}{dt} = \frac{d(CV_m \sin\omega t)}{dt} = \omega C V_m \cos\omega t$$

$$= \omega C V_m \sin\left(\omega t + \frac{\pi}{2}\right) = I_m \sin\left(\omega t + \frac{\pi}{2}\right) \text{ [A]} \tag{4-23}$$

가 된다. 따라서 전류는 전압보다 $\frac{\pi}{2}$[rad] 만큼 위상이 앞선다. 전압과 전류의 파형 및 벡터도는 그림 4-7 (b), (c)와 같다.

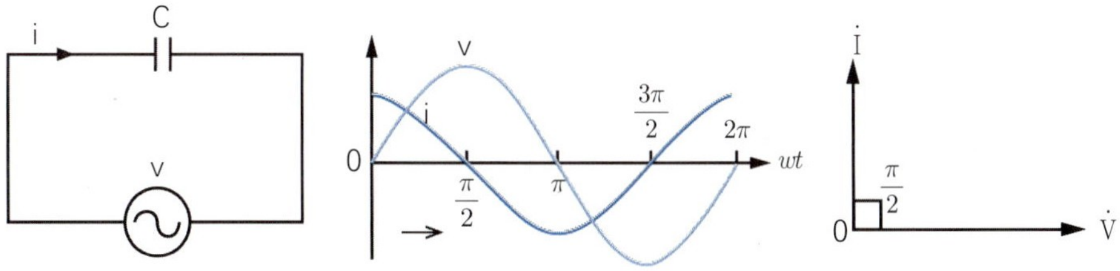

그림 4-7 콘덴서 회로

식 (4-23)으로부터

$$I_m = \omega C V_m \quad [A] \qquad (4-24)$$

이며, v(t) 및 i(t)의 실효값을 V[V] 및 I[A]라 하면

$$V = \frac{1}{\omega C} I = I X_C \quad [V] \qquad (4-25)$$

가 된다.

여기서 X_C는 교류의 저항 성분에 해당되는 것으로, **용량리액턴스**(capacitive reactance)라 하며, 단위는 [Ω]을 사용한다. 그러므로

$$X_C = \frac{1}{\omega C} = \frac{1}{2\pi f C} \quad [\Omega] \qquad (4-26)$$

이다. X_C는 주파수와 정전용량에 반비례하므로 X_L과 반대의 성질을 나타낸다.

교류회로의 저항회로, 코일회로, 용량회로는 가장 기본적인 것이며, 각 회로마다 저항성분이 따로 있다. 그러므로 교류회로에 있어서 저항성분을 대표하는, 즉 합성저항에 해당하는 전체 교류저항을 **임피던스**(impedance)라 하며, 기호는 Z, 단위는 [Ω]을 사용한다. 그러므로 교류회로의 옴의 법칙은

$$V = IZ \; [V] \qquad (4-27)$$

이다.

4) 직렬회로

(1) 저항과 인덕턴스의 직렬회로(R-L직렬회로)

그림 4-8 (a)와 같이 저항 R[Ω]과 자기 인덕턴스 L[H]의 코일을 직렬접속한 회로에 $\dot{V}$[V]의 정현파 전압을 가했을 때 회로에 흐르는 전류는 $\dot{I}$[A]이다. 이 경우 R과 L의 양단전압을 각각 $\dot{V}_R$, $\dot{V}_L$이라 하면

$\dot{V}_R = \dot{I}R$ [V], $\quad\dot{V}_R$과 $\dot{I}$는 동상

$\dot{V}_L = \dot{I}X_L$ [V], $\quad\dot{V}_L$은 $\dot{I}$보다 위상이 $\frac{\pi}{2}$[rad] 앞선다.

전류 $\dot{I}$를 기준으로 벡터도를 그리면 그림 4-8 (b)와 같이 된다.

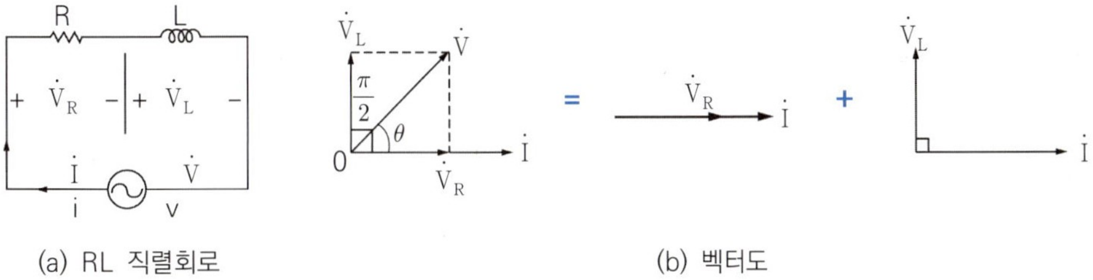

그림 4-8 RL 직렬회로

전원전압 $\dot{V} = \dot{V}_R + \dot{V}_L$이므로 벡터도에 의해 실효값 V[V]와 I[A]의 관계는

$$V = \sqrt{V_R{}^2 + V_L{}^2} = \sqrt{(IR)^2 + (IX_L)^2} = I\sqrt{R^2 + X_L{}^2}$$
$$= IZ \ [V] \qquad (4-28)$$

가 된다. 그러므로 임피던스 Z[Ω]는

$$Z = \sqrt{R^2 + X_L{}^2} = \sqrt{R^2 + (\omega L)^2} = \sqrt{R^2 + (2\pi f L)^2} \quad [\Omega] \qquad (4-29)$$

이다.

R-L직렬회로에서는 전압과 전류의 위상차가 있으며, 전압이 전류보다 위상이 θ[rad] 만큼 앞선다. 이때 위상차 θ[rad]는

$$\theta = \tan^{-1}\frac{V_L}{V_R} = \tan^{-1}\frac{IX_L}{IR} = \tan^{-1}\frac{X_L}{R}$$
$$= \tan^{-1}\frac{\omega L}{R} = \tan^{-1}\frac{2\pi f L}{R} \ [rad] \qquad (4-30)$$

이 된다.

(2) 저항과 정전용량의 직렬회로(R-C직렬회로)

그림 4-9 (a)와 같이 저항 R[Ω]과 정전용량 C[F]의 콘덴서를 직렬접속한 회로에 $\dot{V}$[V]의 정현파 전압을 가했을 때 회로에 흐르는 전류는 $\dot{I}$[A]이다. 이 경우 R과 C의 양단 전압을 각각 $\dot{V}_R$, $\dot{V}_C$라 하면

$\dot{V}_R = \dot{I}R$[V], $\dot{V}_R$과 $\dot{I}$는 동상

$\dot{V}_C = \dot{I}X_C$[V], $\dot{V}_C$는 $\dot{I}$보다 위상이 $\frac{\pi}{2}$[rad] 뒤진다.

전류 $\dot{I}$를 기준으로 벡터도를 그리면 그림 4-9 (b)와 같이 된다.

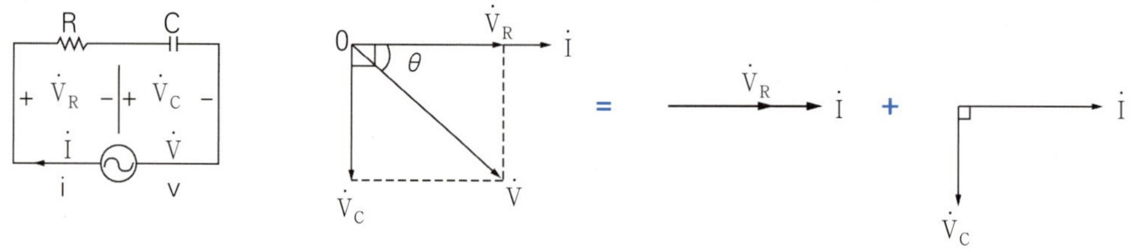

(a) RC 직렬회로 (b) 벡터도

그림 4-9 RC 직렬회로

전원전압 $\dot{V}=\dot{V}_R+\dot{V}_C$이므로 벡터도에 의해 실효값 V[V]와 I[A]의 관계는

$$V=\sqrt{{V_R}^2+{V_C}^2}=\sqrt{(IR)^2+(IX_C)^2}=I\sqrt{R^2+{X_C}^2}=IZ \quad [V] \qquad (4-31)$$

가 된다.

그러므로 임피던스 Z는

$$Z=\sqrt{R^2+{X_C}^2}=\sqrt{R^2+\left(\frac{1}{\omega C}\right)^2}=\sqrt{R^2+\left(\frac{1}{2\pi fC}\right)^2} \quad [\Omega] \qquad (4-32)$$

이다.

R-C 직렬회로에서는 전압과 전류의 위상차가 있으며, 전압이 전류보다 위상이 θ[rad] 만큼 뒤진다. 이때 위상차 θ는 다음과 같다.

$$\theta=\tan^{-1}\frac{V_C}{V_R}=\tan^{-1}\frac{IX_C}{IR}=\tan^{-1}\frac{X_C}{R}$$
$$=\tan^{-1}\frac{1}{\omega CR}=\tan^{-1}\frac{1}{2\pi fCR} \quad [rad] \qquad (4-33)$$

(3) 저항, 인덕턴스, 정전용량의 직렬회로(R-L-C 직렬회로)

그림 4-10 (a)와 같이 R[Ω], L[H], C[F]를 직렬접속한 회로에 $\dot{V}$[V]의 정현파 전압을 가했을 때 회로에 $\dot{I}$[A]의 전류가 흐르며, 이 경우 R, L, C의 양단전압을 각각 $\dot{V}_R$, $\dot{V}_L$, $\dot{V}_C$라 하면 그 크기는 다음과 같다.

$\dot{V}_R=\dot{I}R$ [V], $\dot{V}_R$와 $\dot{I}$는 동상

$\dot{V}_L = \dot{I}X_L[V]$, $\dot{V}_L$은 $\dot{I}$보다 위상이 $\frac{\pi}{2}$[rad] 앞선다.

$\dot{V}_C = \dot{I}X_C[V]$, $\dot{V}_C$는 $\dot{I}$보다 위상이 $\frac{\pi}{2}$[rad] 뒤진다.

전류 $\dot{I}$를 기준으로 벡터도를 그리면 그림 4-10 (b)와 같이 된다.

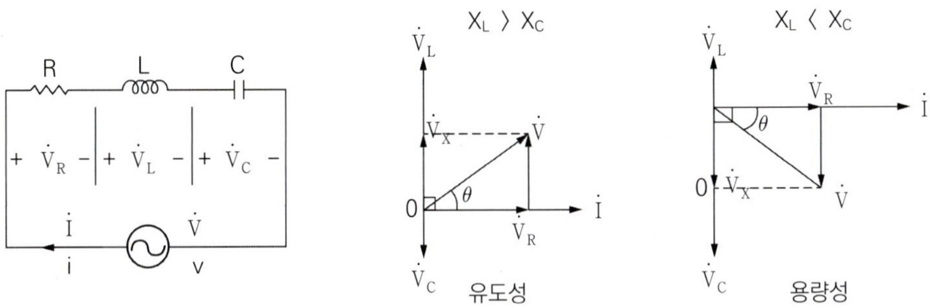

(a) RLC 직렬회로 (b) 벡터도

그림 4-10 RLC 직렬회로

$\dot{V} = \dot{V}_R + \dot{V}_L + \dot{V}_C$이므로 벡터도에 의해 실효값 V[V]와 I[A]의 관계는

$$V = \sqrt{V_R{}^2 + V_X{}^2} = \sqrt{V_R{}^2 + (V_L - V_C)^2} = \sqrt{(IR)^2 + (IX_L - IX_C)^2}$$
$$= I\sqrt{R^2 + (X_L - X_C)^2} = I\sqrt{R^2 + X^2} = IZ\,[V] \qquad (4-34)$$

가 된다. 그러므로 임피던스 Z는

$$Z = \sqrt{R^2 + X^2} = \sqrt{R^2 + (X_L - X_C)^2}$$
$$= \sqrt{R^2 + \left(\omega L - \frac{1}{\omega C}\right)^2} = \sqrt{R^2 + \left(2\pi f L - \frac{1}{2\pi f C}\right)^2}\ [\Omega] \qquad (4-35)$$

이다. 여기서, $X = X_L - X_C[\Omega]$를 **리액턴스**(reactance)라 한다.

전압과 전류의 위상차 θ는 다음가 같이 된다.

$$\theta = \tan^{-1}\frac{V_L - V_C}{V_R} = \tan^{-1}\frac{X_L - X_C}{R} = \tan^{-1}\frac{X}{R} \quad [rad] \qquad (4-36)$$

이때 X_L과 X_C의 크기에 따라서 벡터도가 달라지므로, θ의 크기와 방향이 변하게 된다.

즉,

① $X_L > X_C(V_L > V_C)$이면 $\dot{V}$는 $\dot{I}$보다 θ[rad] 위상이 앞선다(유도성 회로, $0 < \theta < \frac{\pi}{2}$).

② $X_L < X_C(V_L < V_C)$이면 $\dot{V}$는 $\dot{I}$보다 θ[rad] 위상이 뒤진다(용량성 회로, $\frac{\pi}{2} < \theta < 0$).

③ $X_L = X_C(V_L = V_C)$이면 $\dot{V}$와 $\dot{I}$는 동상이다(직렬공진회로, $\theta = 0$).

(4) 직렬공진

R-L-C 직렬회로에서 유도리액턴스 X_L과 용량리액턴스 X_C가 $X_L = X_C$인 상태에서는 리액턴스 $X = 0$이 되어 $Z = R$로 되어 겉보기로는 저항만의 회로로 된다. 이때 공급전압은 전부 R에 가해져 전류 I의 크기는 최대가 된다. 이와 같은 현상을 **직렬공진**(series resonance) 또는 **전압공진**(voltage resonance)이라 한다. 공진의 경우 주파수는 직렬공진 조건 $X_L = X_C$에서

$$2\pi f L = \frac{1}{2\pi f C}$$

$$\therefore\ f = \frac{1}{2\pi\sqrt{LC}} = f_r \tag{4-37}$$

이 된다. 이 주파수 f_r[Hz]을 **공진 주파수**(resonance frequency)라 하고, L[H] 및 C[F]에 따라 결정되는 회로 고유의 것이므로 **고유 주파수**(natural frequency) 라고도 한다. L 또는 C를 변화하여 공진시키는 것을 **동조**(tuning)를 한다고 한다.

직렬공진이 생겼을 때 회로의 R이 작으면, 전류 I가 최대로 흐르므로 V_L과 V_C가 최대가 되어 전원전압 V보다 매우 크게 되는 수가 있어 회로의 손실 또는 절연파괴의 원인이 될 수가 있다.

5) 병렬회로

(1) 저항과 인덕턴스의 병렬회로(R-L 병렬회로)

그림 4-11 (a)와 같이 저항 R[Ω]과 자기인덕턴스 L[H]의 코일을 병렬접속한 회로에 $\dot{V}$[V]의 정현파 전압을 가했을 때, R과 L에 흐르는 전류를 각각 $\dot{I}_R$, $\dot{I}_L$이라 하면 그 크기는 다음과 같다.

$\dot{I}_R = \frac{\dot{V}}{R}$[A], $\dot{I}_R$과 $\dot{V}$는 동상

$\dot{I}_L = \frac{\dot{V}}{X_L}$[A], $\dot{I}_L$은 $\dot{V}$보다 위상이 $\frac{\pi}{2}$[rad] 만큼 뒤진다.

전압 $\dot{V}$를 기준으로 벡터도를 그리면 그림 4-11 (b)와 같이 된다.

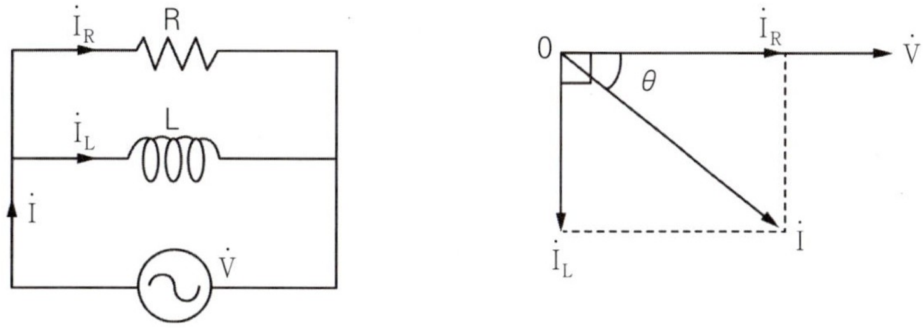

(a) RL 병렬회로 (b) 벡터도

그림 4-11 RL 병렬회로

전 전류 $\dot{I} = \dot{I}_R + \dot{I}_L$이므로 벡터도에 의해 실효값 I[A]와 V[V]의 관계는

$$I = \sqrt{I_R^{\,2} + I_L^{\,2}} = \sqrt{\left(\frac{V}{R}\right)^2 + \left(\frac{V}{X_L}\right)^2} = V\sqrt{\left(\frac{1}{R}\right)^2 + \left(\frac{1}{X_L}\right)^2} = \frac{V}{Z} \qquad (4-38)$$

가 된다. 그러므로 임피던스 Z는

$$\frac{1}{Z} = \sqrt{\left(\frac{1}{R}\right)^2 + \left(\frac{1}{X_L}\right)^2} \qquad (4-39)$$

$$Z = \frac{1}{\sqrt{\left(\frac{1}{R}\right)^2 + \left(\frac{1}{X_L}\right)^2}} = \frac{1}{\sqrt{\left(\frac{1}{R}\right)^2 + \left(\frac{1}{\omega L}\right)^2}} = \frac{1}{\sqrt{\left(\frac{1}{R}\right)^2 + \left(\frac{1}{2\pi f L}\right)^2}}\,[\Omega] \qquad (4-40)$$

이며, 위상차 θ는

$$\theta = \tan^{-1}\frac{I_L}{I_R} = \tan^{-1}\frac{R}{X_L} = \tan^{-1}\frac{R}{\omega L} = \tan^{-1}\frac{R}{2\pi f L}\,[\text{rad}] \qquad (4-41)$$

이다.

식 (4-39)에서 $\frac{1}{Z}$을 Y로 표시하고 **어드미턴스**(admittance)라 하며, $\frac{1}{R}$을 G로 표시하고 **콘덕턴스**(conductance), $\frac{1}{X_L}$을 B_L로 표시하고 **서셉턴스**(susceptance)라 하며, Y, G, B_L의 단위는 모오(mho, 기호 ℧)를 사용한다.

어드미턴스가 Y인 회로에 전압 V를 가했을 때 흐르는 전류 I는 옴의 법칙으로부터

$$I = \frac{V}{Z} = YV \quad [A] \tag{4-42}$$

이다.

(2) 저항과 정전용량의 병렬회로(R-C 병렬회로)

그림 4-12 (a)와 같이 저항 R[Ω]과 정전용량 C[F]의 콘덴서를 병렬접속한 회로에 $\dot{V}$[V]의 정현파 전압을 가했을 때, R과 C에 흐르는 전류를 각각 $\dot{I}_R$, $\dot{I}_C$라 하면 그 크기는 다음과 같다.

$\dot{I}_R = \frac{\dot{V}}{R}$ [A], $\dot{I}_R$과 $\dot{V}$는 동상

$\dot{I}_C = \frac{\dot{V}}{X_C}$ [A], $\dot{I}_C$는 $\dot{V}$보다 위상이 $\frac{\pi}{2}$[rad] 만큼 앞선다.

전압 $\dot{V}$를 기준으로 벡터도를 그리면 그림 4-12 (b)와 같이 된다.

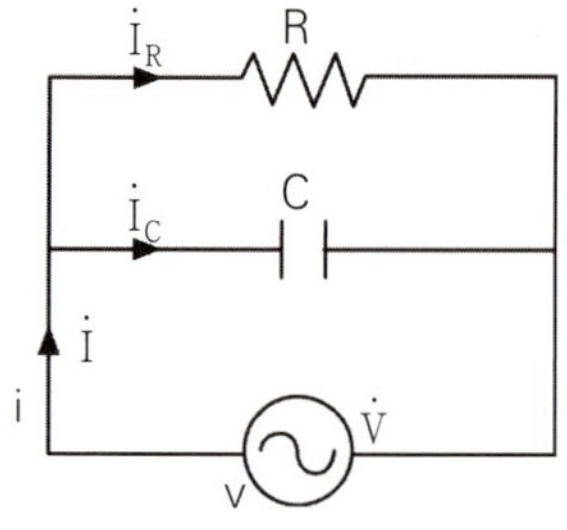

(a) RC 병렬회로

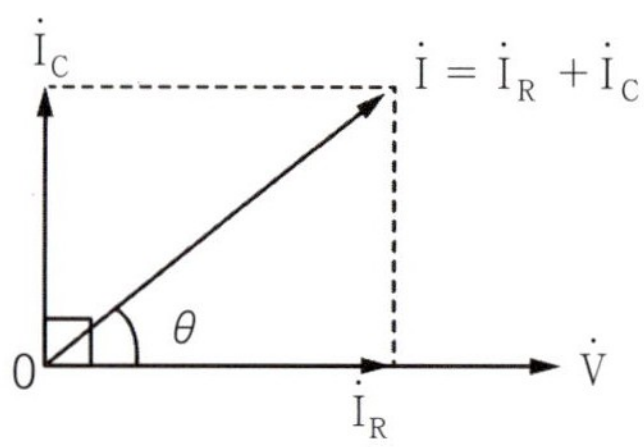

(b) 벡터도

그림 4-12 RC 병렬회로

전 전류 $\dot{I} = \dot{I}_R + \dot{I}_C$이므로 벡터도에 의해 실효값 I[A]와 V[V]의 관계는

$$I = \sqrt{I_R^2 + I_C^2} = \sqrt{\left(\frac{V}{R}\right)^2 + \left(\frac{V}{X_C}\right)^2} = V\sqrt{\left(\frac{1}{R}\right)^2 + \left(\frac{1}{X_C}\right)^2} = \frac{V}{Z}\ [A] \tag{4-43}$$

가 된다. 그러므로 임피던스 Z는

$$Z = \frac{1}{\sqrt{\left(\frac{1}{R}\right)^2 + \left(\frac{1}{X_C}\right)^2}} = \frac{1}{\sqrt{\left(\frac{1}{R}\right)^2 + (\omega C)^2}} = \frac{1}{\sqrt{\left(\frac{1}{R}\right)^2 + (2\pi f C)^2}}\ [\Omega] \tag{4-44}$$

이며, 위상차 θ는

$$\theta = \tan^{-1}\frac{I_C}{I_R} = \tan^{-1}\frac{R}{X_C} = \tan^{-1}\omega C R$$

$$= \tan^{-1} 2\pi f C R \quad [\text{rad}] \tag{4-45}$$

이다.

(3) 저항, 인덕턴스, 정전용량의 병렬회로(R-L-C 병렬회로)

그림 4-13 (a)와 같이 R[Ω], L[H], C[F]에 흐르는 전류를 각각 $\dot{I}_R$, $\dot{I}_L$, $\dot{I}_C$라 하면 그 크기는 다음과 같다.

$\dot{I}_R = \frac{\dot{V}}{R}$[A], $\dot{I}_R$과 $\dot{V}$는 동상

$\dot{I}_L = \frac{\dot{V}}{X_L}$ [A], $\dot{I}_R$은 $\dot{V}$보다 위상이 $\frac{\pi}{2}$[rad] 만큼 뒤진다.

$\dot{I}_C = \frac{\dot{V}}{X_C}$ [A], $\dot{I}_C$는 $\dot{V}$보다 위상이 $\frac{\pi}{2}$[rad] 만큼 앞선다.

전압 $\dot{V}$를 기준으로 벡터도를 그리면 그림 4-13 (b)와 같이 된다.

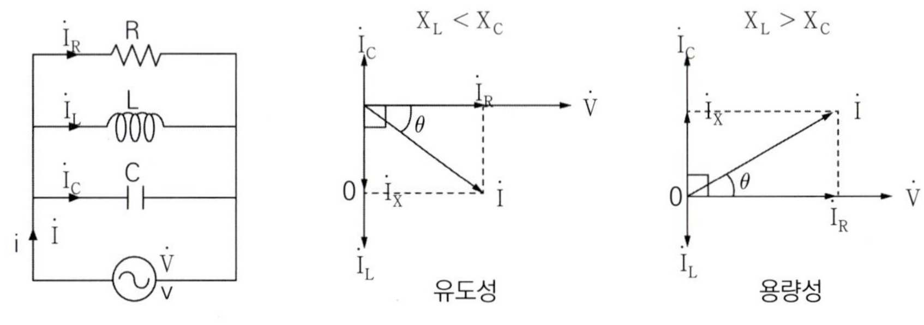

(a) RLC 병렬회로 (b) 벡터도

그림 4-13 RLC 병렬회로

전 전류 $\dot{I} = \dot{I}_R + \dot{I}_L + \dot{I}_C$이므로 벡터도에 의해 실효값 I[A]와 V[V]의 관계는

$$I = \sqrt{I_R^{\,2} + (I_L - I_C)^2} = \sqrt{\left(\frac{V}{R}\right)^2 + \left(\frac{V}{X_L} - \frac{V}{X_C}\right)^2}$$

$$= V\sqrt{\left(\frac{1}{R}\right)^2+\left(\frac{1}{X_L}-\frac{1}{X_C}\right)^2} \tag{4-46}$$

가 된다. 그러므로 임피던스 Z는

$$Z=\frac{1}{\sqrt{\left(\frac{1}{R}\right)^2+\left(\frac{1}{X_L}-\frac{1}{X_C}\right)^2}}=\frac{1}{\sqrt{\left(\frac{1}{R}\right)^2+\left(\frac{1}{\omega L}-\omega C\right)^2}}\,[\Omega] \tag{4-47}$$

이며, 위상차 θ는

$$\theta=\tan^{-1}\frac{I_L-I_C}{I_R}=\tan^{-1}\frac{\frac{1}{X_L}-\frac{1}{X_C}}{\frac{1}{R}}$$

$$=\tan^{-1}\left(\frac{1}{X_L}-\frac{1}{X_C}\right)R=\tan^{-1}\left(\frac{1}{\omega L}-\omega C\right)R\,[\text{rad}] \tag{4-48}$$

이다. 이때 X_L과 X_C의 크기에 따라서 벡터도가 달라지므로, θ의 크기와 방향이 변하게 된다. 즉

① $X_L > X_C(I_L < I_C)$이면 $\dot{V}$는 $\dot{I}$보다 θ[rad] 위상이 뒤진다(용량성 회로, $0<\theta<\frac{\pi}{2}$).

② $X_L < X_C(I_L > I_C)$이면 $\dot{V}$는 $\dot{I}$보다 θ[rad] 위상이 앞선다(유도성 회로, $\frac{\pi}{2}<\theta<0$).

③ $X_L = X_C(I_L = I_C)$이면 $\dot{V}$와 $\dot{I}$는 동상이다(병렬공진회로, $\theta=0$).

(4) 병렬공진

R-L-C 병렬회로에서 $I_L = I_C$ 즉 $\frac{1}{X_L}=\frac{1}{X_C}$, $\frac{1}{2\pi f L}=2\pi f C$인 경우 $Z=R$로 되어 겉보기로는 L과 C는 존재하지 않은 것으로 되어 Z는 최대가 되어, 전류 I의 크기는 최소가 된다. 이와 같은 현상을 **병렬공진**(parallel resonance) 또는 **전류공진**(current resonance)이라 한다. 병렬공진의 경우 공진주파수는 직렬 공진주파수와 같다. 즉,

$$f_r=\frac{1}{2\pi\sqrt{LC}}\ [\text{Hz}] \tag{4-49}$$

11. 단상교류의 전력

1) 교류의 전력

직류회로에서는 공급전압을 V[V], 전류를 I[A]라 하면 전력 P = VI[W]가 되나, 교류회로에서는 전압 v와 i는 시간에 따라 변화하므로 전력도 시간에 따라 변화한다. 이와 같이 교류의 전력은 변화하므로 1주기간의 평균 전력으로 교류전력의 크기를 표시한다.

회로에 정현파 전압 $v(t) = \sqrt{2}V\sin\omega t$[V]를 가하여 전류 $i(t) = \sqrt{2}I\sin(\omega t - \theta)$[A]가 흘렀다면, 즉 실효값 V와 I가 흘렀을 경우 순시전력 p(t)는

$$\begin{aligned} p(t) &= v(t) \cdot i(t) = \sqrt{2}V\sin\omega t \cdot \sqrt{2}I\sin(\omega t - \theta) \\ &= 2VI\sin\omega t \cdot \sin(\omega t - \theta) \end{aligned} \qquad (4-50)$$

이다. 이것을 정리하면

$$\begin{aligned} p(t) &= 2VI \times \frac{1}{2}\{\cos\theta - \cos(2\omega t - \theta)\} = VI\{\cos\theta - \cos(2\omega t - \theta)\} \\ &= VI\cos\theta - VI\cos(2\omega t - \theta) \end{aligned} \qquad (4-51)$$

가 된다. 식 (4-51)에서 우변의 제 1항은 시간 t를 포함하지 않으므로 시간에 대해서 일정한 값이며, 우변의 제 2항은 1주기간의 평균이 0이므로 평균전력 즉 교류전력 P는

$$P = VI\cos\theta \ [W] \qquad (4-52)$$

이다. 여기서 $\cos\theta$를 **역률**(power factor)이라 하며 보통 %로 나타내는 수가 많다.

교류에서는 전압과 전류의 실효치의 곱 $P_a = VI$를 **피상전력**(겉보기 전력, apparent power)이라 하며, 단위는 **볼트암페어**(volt ampere, 기호 VA)를 사용하고 교류 전기기계의 용량(정격)을 나타내는데 쓰인다. $P = VI\cos\theta$를 **유효전력**(active power)이라 하며, 단위는 [W]를 사용하고 저항에 의하여 소비되는 전력이다. 또 $Pr = VI\sin\theta$를 **무효전력**(reactive power)이라 하며, 단위는 **바**(volt ampere reactive, 기호 [VAR])를 사용하고 리액턴스에서 소비되는 전력이다. 이때 $\sin\theta$를 무효율(reactive factor)이라 한다.

전력을 각종 부하에 따라 표현하면

$$\begin{aligned} &\text{피상전력 } P_a = VI \ [VA] \\ &\text{유효전력 } P = VI\cos\theta [W] \\ &\text{무효전력 } Pr = VI\sin\theta [VAR] \end{aligned} \qquad (4-53)$$

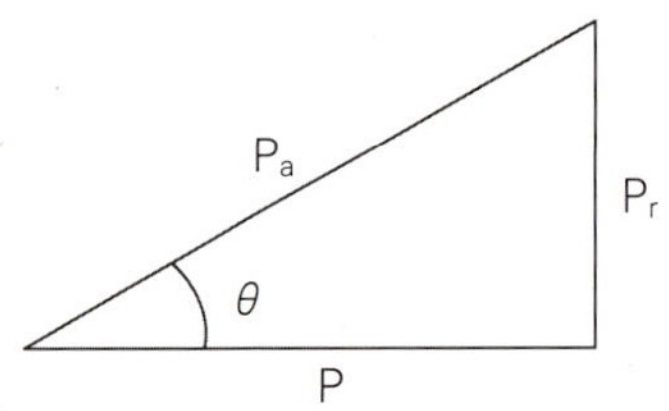

그림 4-14 피상전력, 유효전력, 무효전력과의 관계

가 된다. 이들 전력 사이에는 그림 4-14에서 다음과 같은 관계가 있음을 알 수 있다.

$$P_a{}^2 = P^2 + P_r{}^2, \qquad P_a = \sqrt{P^2 + P_r{}^2} \tag{4-54}$$

2) 역 률

교류의 유효전력과 피상전력의 비를 역률이라 한다.

$$\text{역률} = \frac{\text{유효전력}}{\text{피상전력}} = \frac{VI\cos\theta}{VI} = \frac{R}{Z} = \cos\theta \tag{4-55}$$

역률이 좋지 않은 부하에서는 같은 전력을 소비하면서도 큰 전류를 필요로 하여 배전선에서의 전압강하나 열 손실이 커서 불리하다.

12. 3상교류

1) 3상교류의 발생

평등자계 내에 권선수, 선의 굵기 등이 꼭 같은 3개의 코일 AA′, BB′, CC′를 그림 4-15 (a)와 같이 각각 $\frac{2\pi}{3}$ [rad]의 간격으로 철심에 감고 일정한 각속도 ω[rad/s]로 회전시키면 각 코일에는 크기가 같고, 위상차가 $\frac{2\pi}{3}$ [rad]인 3개의 유도기전력이 발생한다.

이때 AA′, BB′, CC′에 발생한 기전력을 각각 e_a, e_b, e_c라 하고 식으로 표시하면 다음과 같다.

$$\begin{aligned} e_a(t) &= E_m \sin\omega t \,[V] \\ e_b(t) &= E_m \sin\left(\omega t - \frac{2\pi}{3}\right)[V] \\ e_c(t) &= E_m \sin\left(\omega t - \frac{4\pi}{3}\right) = E_m \sin\left(\omega t + \frac{2\pi}{3}\right)[V] \end{aligned} \tag{4-56}$$

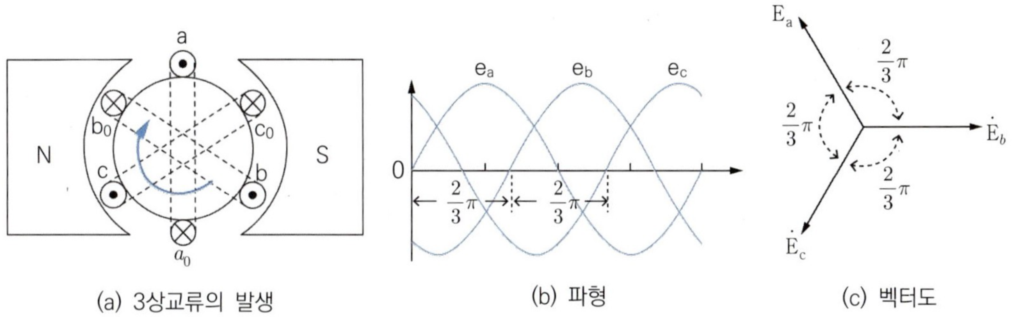

(a) 3상교류의 발생 (b) 파형 (c) 벡터도

그림 4-15 3상교류

이와 같이 크기가 같고 서로 $\frac{2\pi}{3}$ [rad]의 위상차를 가진 기전력을 대칭 3상 기전력(symmetrical three phase electromotive force)이라 하며, 이 세 기전력을 한 짝으로 한 것을 **대칭 3상교류** 또는 **3상교류**라 한다.

3상교류의 세 기전력의 합은 항상 0이 된다. 즉,

$$e_a(t) + e_b(t) + e_c(t) = 0 \tag{4-57}$$

2) 3상교류의 결선 방법

3상교류의 전원과 부하의 연결방법에는 2가지 방법이 있다.

(1) 성형결선(Y결선)

그림 4-16 (a)와 같이 코일의 끝을 함께 접속하고, 코일의 처음에서 3개의 전선을 인출시키는 결선을 **성형결선**(star connection) 또는 **Y결선**(Y connection)이라 한다. 각 코일의 접합점을 중성점(neutral point)이라 한다.

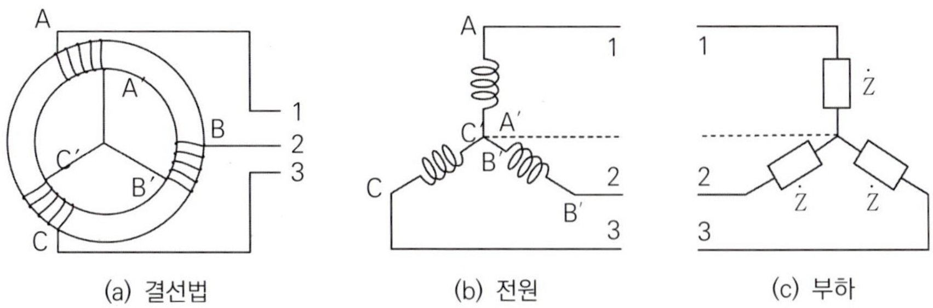

(a) 결선법 (b) 전원 (c) 부하

그림 4-16 성형결선

그림 4-16 (b)에서 전원 또는 부하의 각 상에 걸리는 전압 $\dot{E}_a$, $\dot{E}_b$, $\dot{E}_c$를 **상전압**(phase voltage, V_p)이라 하며, 3개의 외선 사이의 전압 $\dot{V}_{ab}$, $\dot{V}_{bc}$, $\dot{V}_{ca}$를 **선간전압**(line Voltage, V_l)이라 한다. 이때 선간전압과 상전압과의 관계는

$$\dot{V}_{ab} = \dot{E}_a - \dot{E}_b,\ \dot{V}_{bc} = \dot{E}_b - \dot{E}_c,\ \dot{V}_{ca} = \dot{E}_c - \dot{E}_a \tag{4-58}$$

이다. 그림 4-16 (c)에서

$$V_{ab} = E_a \cos 30° + E_b \cos 30° = 2E_a \cos 30° = \sqrt{3}\, E_a \tag{4-59}$$

따라서 성형결선에서 선간전압과 상전압의 관계는 다음과 같다.

$$V_l = \sqrt{3}\, V_p \tag{4-60}$$

즉, 선간전압은 상전압의 $\sqrt{3}$ 배의 크기가 되며, $\frac{\pi}{6}$ [rad]만큼 위상이 앞선다.

한편 전원 또는 부하의 각 상에 흐르는 전류를 **상전류**(phase current, I_p)라 하며, 3개의 외선에 흐르는 전류를 **선전류**(line current, I_l)라 한다. 성형결선에서는 선전류와 상전류의 크기는 같고 서로 동상이다. 즉

$$I_l = I_p \tag{4-61}$$

(2) 삼각결선(Δ결선)

그림 4-17 (a)와 같이 1개의 코일 끝에서 다음 코일의 시작과 순차적으로 접속하고 그 접속점에서 3개의 전선을 인출시키는 결선을 **삼각결선**(delta connection) 또는 ***Δ*결선**(*Δ* connection)이라 한다.

삼각결선에서는 선간전압과 상전압은 같으며 서로 동상이다. 즉

$$V_l = V_p \tag{4-62}$$

한편 삼각결선에서 선전류는 상전류의 차이므로

$$I_l = \sqrt{3}\, I_p \tag{4-63}$$

로서, 삼각결선의 선전류는 상전류의 $\sqrt{3}$ 배이며, $\frac{\pi}{6}$ [rad] 만큼 위상이 뒤진다.

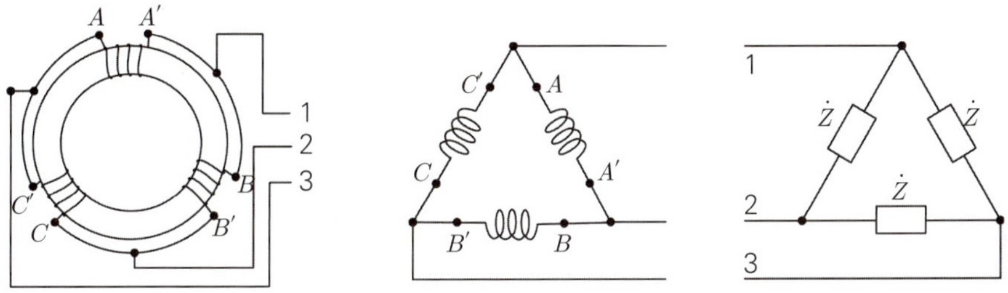

(a) 결선법 (b) 전원 (c) 부하

그림 4-17 삼각결선

3) 3상교류의 전력

3상교류의 전력은 각 상의 전력의 합이며, 평형부하인 경우에는 1상의 전력의 3배이다. 따라서 3상 전체의 전력 P는

$$P = 3V_p I_p \cos\theta \ [W] \quad (4-64)$$

가 된다. 그러나 우리들이 실제 측정할 수 있는 전압은 선간전압 V_l과 선전류 I_l이므로 식 (4-64)를 V_l과 I_l로 나타내면, 성형결선에서는 $V_l = \sqrt{3}V_p$, $I_l = I_p$이며, 삼각결선은 $V_l = V_p$, $I_l = \sqrt{3}I_p$이므로 3상 전력은 다음과 같다.

$$P = 3V_p I_p \cos\theta = 3\frac{V_l}{\sqrt{3}} I_l \cos\theta = \sqrt{3}V_l I_l \cos\theta \text{(성형결선)} \quad (4-65)$$

$$P = 3V_p I_p \cos\theta = 3V_l \frac{I_l}{\sqrt{3}} \cos\theta = \sqrt{3}V_l I_l \cos\theta \text{(삼각결선)} \quad (4-66)$$

제 5 장

전기회로의 과도현상

Refer to Eelectrical Circuit of the Transient

제 5 장

전기회로의 과도현상

학습목표	중심단어
1 과도현상을 설명할 수 있다. (B)	과도현상
2 RC 회로, RL 회로에서 시정수를 설명할 수 있다. (B)	시정수

1. 과도현상

전기 회로에 인덕턴스와 정전용량을 적용하는 경우가 많이 있는데, 인덕턴스 L은 전류가 변화하면 어느 때라도 유도 전압을 발생시키는 성질이 있고, 정전용량 C는 전압이 변화하면 어느 때라도 충전 또는 방전 전류를 흘리게 하는 성질이 있다. 이때 비정현파 전압 또는 전류에 대해서 L 또는 C는 파형의 변화를 일으키게 된다. 다시 말하면 실제 회로에서 스위치를 on 또는 off를 할 때 생기는 비정현파 전압과 전류에 대해서 L 또는 C는 파형의 변화를 일으키게 되고, 이로 인해 회로 조건의 변화에 따른 전압과 전류가 정상 상태(최종 상태)로 도달하여 회로가 동작할 때까지는 시간이 지연된다. 이와 같은 일시적인 변화과정을 **과도현상**이라 한다. 이러한 과도현상은 고압회로에서 기기의 결손과 이상 장애를 초래할 수 있다.

2. 저항회로(R회로)

그림 5-1의 저항만 있는 회로에서 스위치 S를 on할 때 전지는 10[Ω] 저항 양단에 10[V]를 공급하고 그 결과로 생기는 전류 I는 1[A]이다(a). 스위치를 on하는 순간 I는 0에서 1[A]로 변하며 스위치를 off하면 I는 즉시 0으로 떨어진다(b).

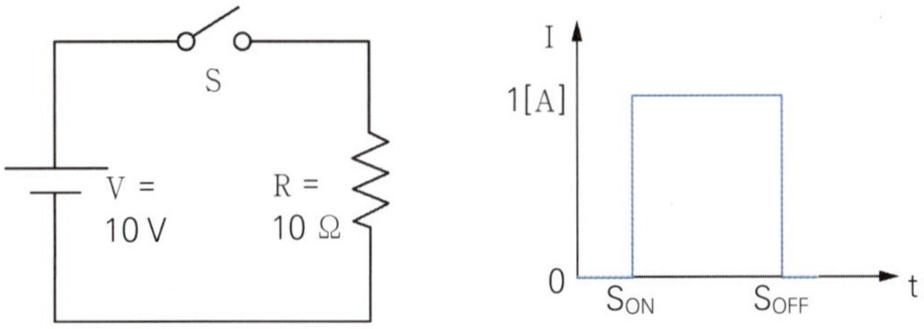

(a) R 회로 (b) 응답도

그림 5-1 R 회로에서의 응답 현상

저항 R에는 인덕턴스와 같이 I의 변화를 방해하는 집속된 자기장이 없고 정전용량처럼 V의 변화를 방해하는 전하를 축적시키는 전기장이 없기 때문에 저항은 전류에 대해서만 방해하고 변화에 대한 반작용은 없다. 그러므로 저항-정전용량 회로와 저항-인덕턴스 회로와는 확연히 구별되어 진다.

3. 저항-정전용량 회로(RC 회로)

그림 5-2의 저항(R)과 정전용량(C)의 직렬 회로에서 스위치 S가 on 상태가 되면 전압 v_C는 0으로부터 증가하여 최종적으로 10[V]의 정상 값을 갖게 되는데, 전압이 0부터 10[V]로 증가하는 동안 v_C는 계속 변화하고 이때 정전용량은 이 변화를 방해한다. 이 시간 동안 RC 회로의 작용은 10[V]의 정상 상태의 전압이 될 때까지 일시적인 상태를 나타내는 것으로 이를 과도응답현상이라고 한다.

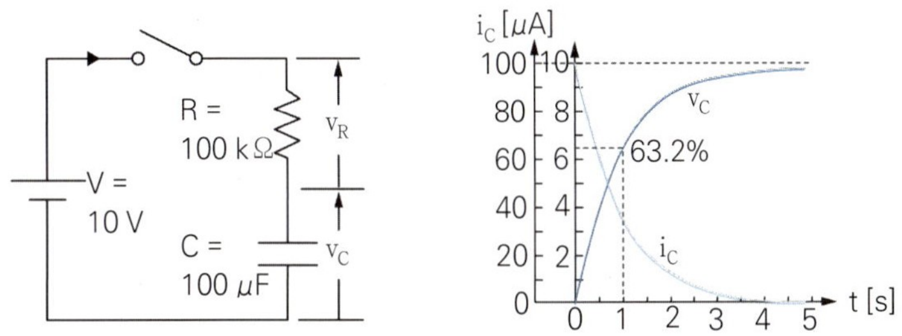

(a) RC 회로 (b) 충전 과도 응답도

그림 5-2 RC 회로에서의 충전 과도 응답 현상

그림 5-2 (a)의 RC회로에서 충전 시 과도 응답치 v_C는 미분방정식으로부터 구해져 $v_C(t) = 10\left(1-e^{-\frac{1}{RC}t}\right)$로 나타내지는데, 시간 t가 경과함에 따라 콘덴서 양단의 전압이 0에서부터 지수함수적으로 증가하여 10[V]까지 충전됨을 의미한다.

일반적으로 과도 응답에서 시정수 τ[s]의 정의는 지수가 1이 되는, 즉 $\tau = RC$ [s]일 때의 값이며, 입력 전압의 약 63.2%에 해당한다. 시정수의 3배가 되면 입력 전압의 약 95%가 되며, 5배가 되면 99.3%가 되므로, 약 5배가 지나면 100%에 가까워져 과도 상태는 끝났다고 볼 수 있다.

RC회로(용량성 회로)에서의 시정수 $\tau = RC$ [s]이므로 R[Ω] 또는 C[F]의 값이 커지면 시정수가 길어진다. 정전용량 C가 크다는 것은 많은 전하량을 저장할 수 있다는 것을 의미하기 때문에 저장하기에는 더 많은 시간이 소요되고, 저항 R이 크면 충전 전류가 감소되므로 충전하는데 더 많은 시간이 소요됨을 의미한다.

그림 5-2의 RC회로에서 충전 전류식은 $i_C(t) = I_0 e^{-\frac{1}{RC}t} = I_0 e^{-\frac{1}{\tau}t}$이며, 시간이 경과함에 따라 충전 전류는 감소하는 모양을 하고 있다. C가 충전됨에 따라 V와 v_C의 전압차는 줄어들고 이것이 줄어들면 C에 전하를 공급하는 전류가 줄어든다. C가 충전되면 될수록 또 다른 전하를 받아들이는 속도는 차츰 느려지기 때문이다.

마찬가지로 그림 5-3에서 스위치 S를 a측에 놓고 콘덴서 C를 충분하게 충전하고 나서 S를 b쪽으로 변환하면 콘덴서에 저장된 전하는 R을 통해서 충전 전압 v_C가 방전되면서 방전전류 i_C가 흐른다. 이때에도 과도현상을 보이는데 충전할 때와는 반대의 모양의 과도응답을 나타낸다.

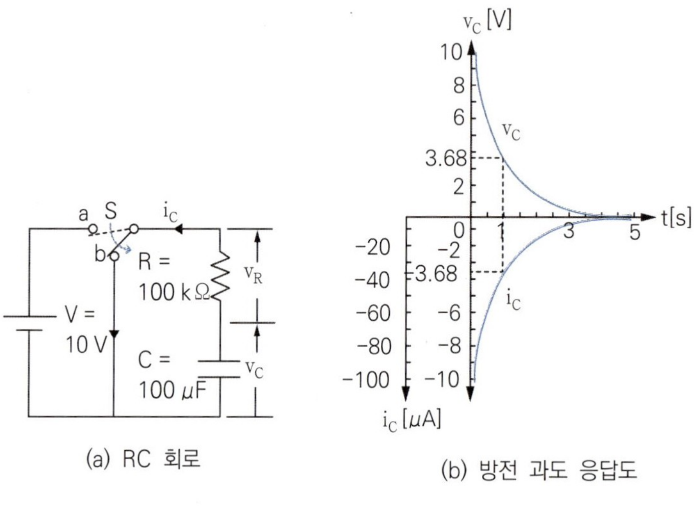

(a) RC 회로

(b) 방전 과도 응답도

그림 5-3 RC 회로에서의 방전 과도 응답 현상

4. 저항-인덕턴스 회로(RL 회로)

그림 5-4와 같이 저항 R과 인덕턴스 L을 직렬접속하고 스위치 S를 a측에 on하면 직류 전압 V[V]가 가해지게 되고, 전류는 0에서 $\frac{V}{R}$로 증가하지만 회로의 인덕턴스 L이 전류의 증가를 억제하려는 작용을 하여 전류는 곧 바로 $\frac{V}{R}$가 되지 않는다. 이와 같은 유도성 회로에 대한 과도 응답치 $i_L(t)=I_0\left(1-e^{-\frac{R}{L}t}\right)$로 구해지며, 이때 시정수 $\tau=\frac{L}{R}$[s]이다. 여기서 L의 단위는 [H], R은 [Ω]이다.

그림 5-4에서 스위치 S를 a로 on하면 시정수가 1[s]이므로 전류 i는 시정수인 1[s] 동안에 0에서 증가하여 0.632[A]로 된다. 시정수의 5배되는 5[s]에서는 거의 정상 상태의 값 1[A]로 안정된다. 스위치를 b로 하면 전류는 감소하게 되는데, 1[s] 후에는 정상상태의 36.2%에 해당하는 0.362[A]로 된다.

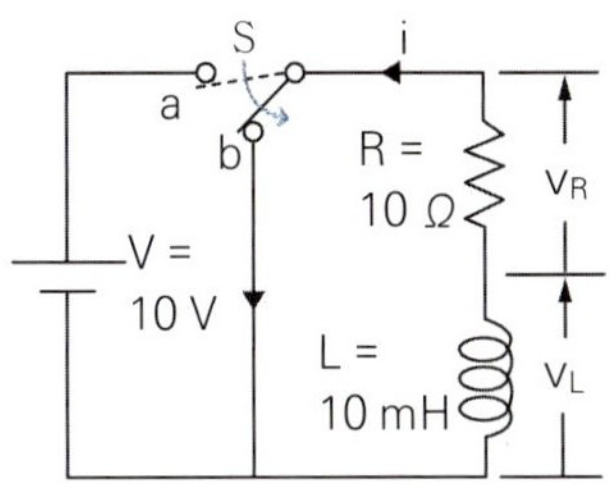

(a) RL 회로

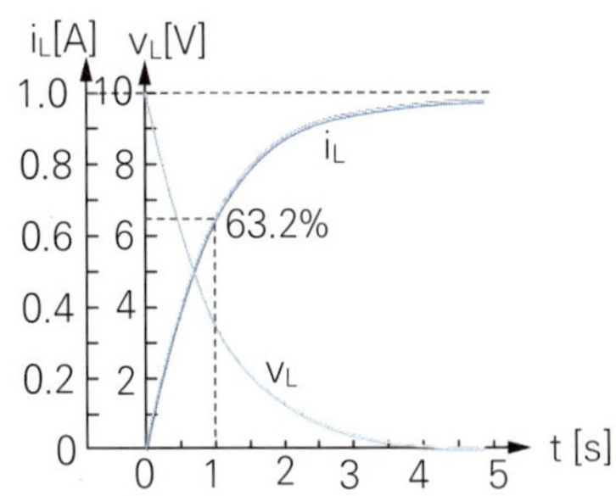

(b) 과도 응답도

그림 5-4 RL 회로에서의 과도 응답 현상

유도성 회로에서 스위치를 off하면 높은 저항으로 인하여 $\frac{L}{R}$이 더 작아지기 때문에 시정수가 매우 짧게 된다. 그래서 전류는 스위치를 on할 때보다 훨씬 빨리 0으로 되는데 그 결과 RL회로에서 스위치를 off할 때는 코일 양단에 높은 자기유도 전압 v_L이 나타난다. 이 고전압은 인가 전압보다 훨씬 크다.

이 고전압은 전류가 매우 빠른 속도로 감소하는 짧은 기간에만 나타나기 때문에 에너지의 증가는 없다. 그 결과로 i가 느린 속도로 감소하면 v_L의 값은 줄어든다. 전류가 0이 된 후에 L 양단에는 전압이 나타나지 않는다. 그림 5-5에서 이러한 효과를 잘 이해할 수 있다.

그림 5-5 (a)에서 스위치가 on 되면 L에 전류 i가 흘러 자계에 에너지가 저장된다. R_2는 단락되기 때문에 100[Ω]의 R_1만이 저항으로 남게 된다. 정상 상태의 전류 i는 시정수의 5배 되는 시간 후에 $\frac{V}{R_1}=\frac{8}{100}=0.08$[A]로 된다. 시정수는 $\frac{L}{R}=\frac{2}{100}=0.02$[s]이므로, 5배인 0.1[s] 후에는 i가 0.08[A]로 되며 자계에 축적된 에너지는 $\frac{1}{2}Li^2=\frac{1}{2}\times2\times(0.08)^2=64\times10^{-4}$[J]이 된다.

그림 5-5 (b)에서 스위치가 off 상태이면 R_2가 L과 직렬로 되어 전체 저항은 대략 4,000[Ω]이 된다. 그 결과로 시정수는 $\frac{L}{R}=\frac{2}{4000}=0.5$[ms] 후에 0으로 줄어든다. 이 같은 전류의 급강하는 자계가 급속히 줄어들고 L의 양단에 고압이 유기된다. 여기서 v_L의 최고값은 320[V]가 되어 코일 양단에 연결된 네온관의 전원 역할을 하게 된다. 그 결과 네온관에 이온화되어 순간적으로 불이 켜진다.

이러한 유도성 회로에서 만들어지는 고전압은 자동차 점화 장치의 각 방전 플러그(spark plug)에 필요한 고전압을 발생하기도 하고, 브라운관의 양극에 10~24[kV]의 고전압을 발생하기도 한다.

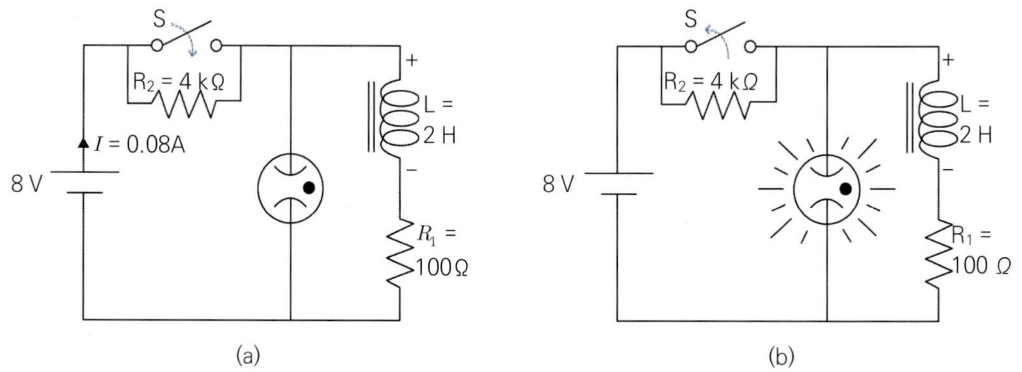

그림 5-5 유도회로에 의한 고전압 발생

제 6 장

변압기와 절연파괴

Transformer and Breakdown

1 변압기
2 절연파괴
3 고전압과 접지

제 6 장

변압기와 절연파괴

학습목표	중심단어
1 변압기의 원리를 설명한다. (A)	변압기, 변압기 법칙
2 변압기유의 역할과 구비조건을 설명할 수 있다. (B)	변압기유
3 고전압에 의한 절연파괴 현상과 접지를 설명할 수 있다. (B)	절연파괴, 접지

1. 변압기

1) 변압기의 기본구조 및 원리

발전기나 전동기는 기계 에너지와 전기 에너지를 상호 변환시키는 회전기인 것에 비하여 변압기는 상호유도작용 또는 전자유도작용을 이용하여 교류전압과 전류의 크기를 다른 적당한 값의 전압과 전류로 변화하는 장치로 2개 이상의 전기회로가 한 개의 자기 회로와 결합되어 있다.

전기회로의 한쪽을 전원에 접속하고, 다른 한 쪽을 부하에 접속하면 전력은 자기회로를 통하여 부하에 전달된다. 전원에 접속되는 권선을 1차 권선(primary winding), 부하 측에 접속되는 권선을 2차 권선(secondary winding)이라고 한다.

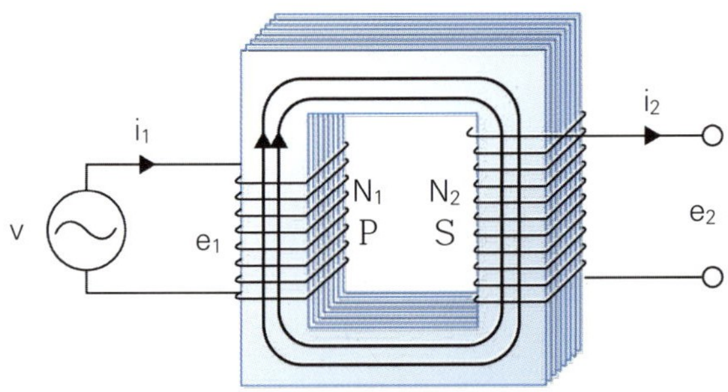

그림 6-1 변압기의 기본구조

그림 6-1과 같이 철심에 권선 P와 S를 감고 권선 P에 시간에 따라 변화하는 전류, 즉 교류를 흘리면 권선 P에 교번 자속 ϕ가 발생한다. 발생된 자속이 권선 P와 S를 지나가면 권선 P와 S에는 전자 유도 작용으로 유도 기전력이 발생한다.

권선 P에 발생된 기전력 e_1을 자기 유도 기전력, 권선 S에 발생된 기전력 e_2를 상호 유도 기전력이라 하며, 권선 P와 S의 권선수를 각각 N_1, N_2라 하고 1차 권선에 $v = V_m \sin\omega t$ [V]의 정현파 전압을 인가하면 1차 권선과 2차 권선에 발생되는 기전력 e_1과 e_2는 다음과 같이 된다.

$$e_1 = -N_1\frac{d\phi}{dt}, \quad e_2 = -N_2\frac{d\phi}{dt} \tag{6-1}$$

유도 기전력 e_1과 e_2의 방향은 공급 전압 v와 반대 방향이며, 유도 기전력 e_1의 크기는 공급 전압 v의 크기와 같으므로 다음과 같이 된다.

$$V = -E_1 \tag{6-2}$$

유도 기전력 e_1과 e_2의 실효값 E_1, E_2는 아래와 같다.

$$E_1 = \frac{1}{\sqrt{2}}\omega N_1 \phi = \frac{2\pi}{\sqrt{2}} f N_1 \phi = 4.44 f N_1 \phi \ [V]$$
$$E_2 = \frac{1}{\sqrt{2}}\omega N_2 \phi = \frac{2\pi}{\sqrt{2}} f N_2 \phi = 4.44 f N_2 \phi \ [V] \tag{6-3}$$

여기에서, 그 비는

$$\frac{e_1}{e_2} = \frac{E_1}{E_2} = \frac{N_1}{N_2} = a \ (\text{변압기의 권선비}) \tag{6-4}$$

이며, 권선의 저항, 누설 자속, 철심의 자기 포화 및 철손을 무시하고 또한 철심의 투자율이 대단히 좋아서 필요한 자속을 발생하는데, 기자력은 무시할 정도로 적다고 가정한 가장 간단한 변압기인 **이상 변압기**(ideal transformer)의 1차와 2차 권선에 발생되는 기전력의 비는 1차 권선과 2차 권선의 권선수 비에 비례한다.

$$a = \frac{N_1}{N_2} = \frac{E_1}{E_2} = \frac{I_2}{I_1} \tag{6-5}$$

2) 변압기의 분류

변압기는 자기 회로를 이루는 철심과 전기 회로를 이루는 권선이 중요 부분이지만 냉각 방식에 따라 외함의 형태가 다르며 고압용은 외함을 통하여 도체를 인출하는 부분에 부싱이라는 절연체가 사용되며 여러 가지 보호 장치들이 있다. 변압기를 철심과 권선의 상대적인 위치와 철심의 형태에 따라 분류한다.

그림 6-2에서 (a)는 내철형(core type)으로 권선이 철심을 둘러싸는 형태로 하나의 자기 회로를 이루며, (b)는 외철형(shell type)으로 철심이 권선을 둘러싸는 형태로 두 개의 자기 회로를 이루고, (c)는 분포 외철형으로 소형 배전용 변압기에 사용되는 것으로 계철을 여러 개로 분할한 것이다.

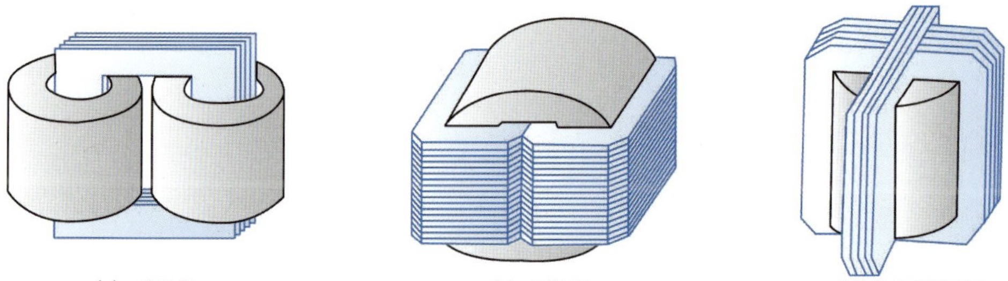

(a) 내철형 (b) 외철형 (c) 분포외철형

그림 6-2 변압기의 분류

변압기의 철심은 단책형으로 절단한 얇은 규소 강판을 겹친 것이 일반적이나 냉각 압연한 방향성 규소 강대를 나선형으로 감은 권철심은 주상 변압기에 주로 사용되고 있다.

3) 변압기의 철심

철심에는 비투자율과 저항율이 크고 히스테리시스손이 적은 규소 강판이나 강대를 성층하여 사용한다. 규소 강판의 규소 함유량은 약 4% 정도이다. 냉각 압연 규소 강대와 방향성 규소 강대는 와류손을 적게 하기 위해 강대의 양쪽 면에 절연성 무기질 피막 처리를 하여 사용한다. 철심의 단면은 원형 권선을 사용하는 경우에는 권선의 내측 공간을 유효하게 이용하고, 권선을 소형화하기 위하여 철심의 외측을 계단 모양으로 하여 원통과 비슷하게 한다. 철심이 커지면 철심 내부의 열 발산을 좋게 하기 위해 폭 10[mm] 정도의 기름 통로를 설치해서 냉각용 기름의 통로로 한다.

변압기의 철심은 보통 완성된 권선을 삽입하거나 완성된 권선에 철심을 삽입시키므로 접합 부분이 생기는데, 접합법에는 겹치기 접합법, 맞대기 접합법, 연귀 접합법이 있다.

4) 변압기의 권선

중·대 용량의 변압기는 권선 틀 또는 절연통에 권선을 감고 절연 처리를 한 후 조립하는 형권 방법을 이용한다. 형권으로 하면, 철심과 권선 작업을 동시에 할 수 있어 공정이 단축되고 고장이 일어났을 때 분해 및 수리가 용이하다.

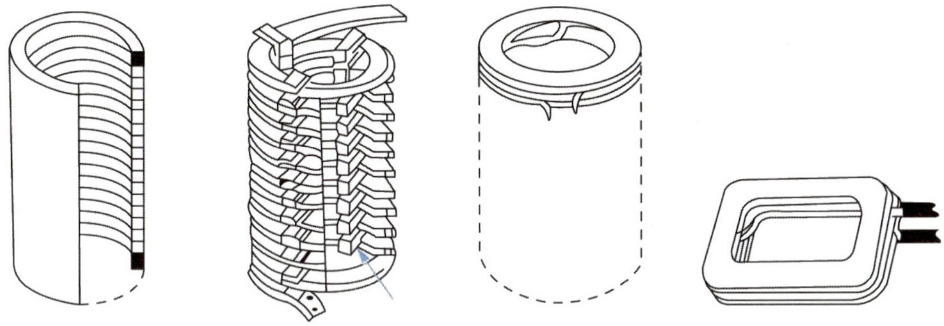

(a) 원통 권선 (b) 원통 권선 (c) 원판 권선 (d) 직사각형 원판 권선

그림 6-3 권선의 형태

소용량의 변압기는 철심을 절연하고 그 위에 직접 저압권선을 감은 후 다시 절연한 다음 고압 권선을 감는 방법을 사용한다. 10~20[A] 이하 정도의 소전류의 변압기는 둥근 동선으로 권선을 하고 그 이상의 전류일 때는 평각 동선으로 권선을 한다.

변압기의 절연은 권선과 권선의 절연, 권선층 간의 절연, 권선 사이의 절연을 해야 하는데, 보통 절연유 내에서 사용되므로 절연물은 모두 내유성(oil resistance)이 큰 것을 사용한다. 절연 재료는 절연 종류에 따라 결정되며 권선을 완성하면 충분히 건조시킨 다음 바니시에 담그어서 다시 건조하는 조작을 2~3회 반복하면 바니시 층이 생겨서 방습성이 증가하고 기계적인 강도가 증가한다.

고전압 대용량의 변압기는 단락할 때 큰 기계력이 발생하므로 튼튼한 종이를 여러 장으로 겹치고 천연 또는 합성 수지를 합침시켜서 고온, 고압으로 성형한 적층 절연물을 사용하는데 이것은 절연 내력이 크고 기계적 강도가 크다.

5) 외함과 부싱

변압기 본체와 절연유를 넣은 외함은 주철제나 강판을 용접해서 만들며 용량이 커지면 냉각 면적을 넓히기 위하여 주름 모양의 철판을 사용하거나 방열관 또는 방열기를 부착한다.

변압기 권선의 인출선을 외함에서 끌어내는 절연 단자를 부싱이라 하며, 부싱은 인출선과 외함 사이에 누설 전류가 생기지 않도록 충분히 절연 면적과 거리를 갖는 모양으로 한다. 외함과 철심은 땅과 같은 영전위이므로 부싱은 변압기의 사용 전압에 충분히 견디도록 충분히 절연되어야 한다.

6) 변압기유

변압기는 회전 부분이 없으므로 효율은 좋으나 냉각 작용이 불충분하고 대용량의 변압기일수록 열의 발산이 곤란하여 온도 상승이 크기 때문에 용량에 따라 여러 가지 냉각 방식이 사용되고 있다. 냉각 방식은 권선과 철심을 직접 냉각하는 매체와 그것을 다시 주위의 냉각 매체(공기 또는 물)의 종류와 순환 방식에 따라 분류된다. 변압기의 용량이 증가하면 열 발산을 잘하기 위해 표면이 평면형에서 유구형, 원관형, 방열기형으로 되고, 큰 용량에서는 인공적 냉각 방식이 사용된다.

냉각 방식의 종류에는 유입 자냉식, 유입 풍냉식, 유입 수냉식, 송유 자냉식, 송유 풍냉식, 송유 수냉식 등이 있으며, X선 발생 장치에 사용하는 고압 변압기는 보통 유입 자냉식을 사용하고 있다.

변압기유는 냉각과 절연의 역할을 하며, 갖추어야 할 조건은

① 절연 내력이 클 것
② 절연 재료 및 금속과 접속해도 화학 작용이 일어나지 않을 것(수분, 불순물이 없고 산성, 알칼리성, 유황을 포함하지 않을 것)
③ 점도가 낮고 비열이 커서 냉각 효과가 클 것
④ 인화점이 높고 응고점이 낮을 것
⑤ 증발이 적을 것
⑥ 고온에서 석출물이 생기거나 산화하지 않을 것

등이며, 석유계 원유에서 얻어진 광유(mineral oil)는 공기에 비하여 수 배의 절연내력이 있고, 비열이 공기보다 크므로 변압기 유로 주로 사용되고 있다.

7) 변압기의 3상 결선

3상 교류 전압을 변압하는 데는 3상 변압기 1개를 이용하는 방법과 단상 변압기 3대, 또는 2대를 결선해서 사용한다. 송배전 선로에서 변압기의 결선 방식을 결정할 때는 각 결선의 장·단점을 검토하여 송배전 선로에 맞는 결선 방식을 결정한다.

(1) △-△ 결선

① 단상 변압기 3대 중 한 대가 고장일 때에는 이것을 제거하고 나머지 2대를 V결선으로 하여 사용할 수 있다.

② 제 3고주파 전류는 각상이 동상이므로 권선에는 순환 전류가 흐르지만 송전 선로에는 흐르지 않으므로 고주파 전류에 대한 통신 장애가 적다.

③ 중성점을 접지할 수 없다.

④ 동일한 선간전압에 대하여 Y결선보다 상전압이 높으므로 권수가 많아지고 대부분의 경우에는 절연 때문에 권선의 점적률이 낮아진다.

(2) Y-Y 결선

① 중성점을 접지시킬 수 있다.

② 상전압이 선간전압의 $\frac{1}{\sqrt{3}}$이 되므로 절연이 쉽다.

③ 전력에 고주파를 포함하고, 중성점이 접지되어 있을 때는 선로에 제 3고주파를 주로 하는 충전 전류가 흘러 통신 장애를 준다.

④ 이 결선은 거의 사용하지 않으나, 3차 권선을 설치하여 Y-Y-△의 3권선 변압기로 한 것은 송전용에 널리 사용된다.

(3) Y-△결선, △-Y결선

① △-Y결선은 발전소용 변압기와 같이 낮은 전압을 높은 전압으로 올리는 경우에 주로 사용되고, Y-△결선은 수전측 발전소용 변압기와 같이 높은 전압을 낮은 전압으로 내리는 경우에 주로 사용한다.

② 1, 2차 결선 중 한쪽은 △결선으로 제 3고주파에 의한 통신 장애가 적다.

③ Y결선이 있어 중심점을 접지할 수 있다.

④ 1차 선간전압과 2차 선간전압 사이에 $\pi/6$ 위상차가 생긴다.

(4) V 결선

① 주상 변압기에서는 설치 방법이 간단하며 소용량일 경우 가격도 싸기 때문에 3상 부하에 널리 사용된다.

② 부하가 증가하는 경우 △-△결선으로 할 것을 예정하여 처음에 2개로 V결선해서 사용하는 일이 있다.

③ 변압기 용량의 이용률은 $\frac{\sqrt{3}}{2}$=0.866으로 나쁘고 부하의 상태에 따라서는 2차 단자 전압이 불평형으로 된다.

8) 단권 변압기(Auto transformer)

단권 변압기는 1개 코일만으로 변압하는 것으로, 그림 6-4와 같이 1차 권선과 2차 권선이 절연되어 있지 않고 권선의 일부를 공통 권선으로 하는 변압기이다. 보통 변압기에서는 고압 회로와 저압 회로가 완전히 절연되어 있기 때문에 안전하지만, 단권 변압기는 그렇지 않기 때문에 권선비가 1에 가까울수록 더욱 경제적이고 특성도 좋아서 전압비가 적은 전력 계통이나 가정의 전압 조정용에서 연구실의 슬라이닥(slidac)에 이르기까지 다양하게 이용된다.

X선 발생장치에서는 장치의 각 부분에 전원 전압을 공급하는 역할과 관전압 조정용으로 사용되고 있다. 그 밖에도 배선 선로의 승압기, 형광등용 승압 변압기, 동기 전동기나 유도 전동기를 가동할 때 공급 전압을 낮추어 기동 전류를 제한하기 위한 기동 보상기에 이용된다.

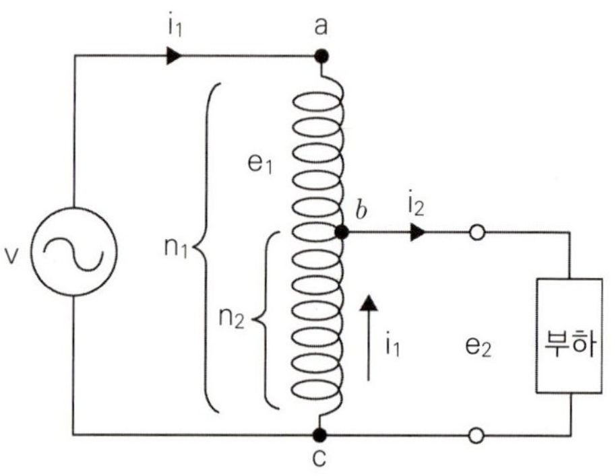

그림 6-4 단권 변압기

9) 탭 변압기

전등이나 전력 등의 부하는 일반적으로 정전압 방식이므로 전압을 일정하게 유지하기 위해서는 권선비를 바꾸는 탭 전환 변압기를 무부하상태에서 전환하거나 유도전압 조정기를 사용한다. 전원의 전압이 변동하거나 부하가 변화하면 선로의 전압이 변화하기 때문이다.

변압기의 탭 전환은 무전압이나 무전류로 하는 것이 보통이나 무정전 송전을 하기 위해서는 부하 상태에서 탭을 전환하여 전압을 조정할 필요가 있으며 이때 사용되는 변압기를 부하시 탭 전환 변압기라고 한다.

중·소용량의 변압기에서 탭의 전환은 본체에 설치된 탭판(tap board)으로 하고 대용량의 변압기나 가스를 봉입한 것은 탭 전환기를 설치하고 외함의 외부에서 조작하여 전환을 한다.

그림 6-5는 병렬 회로 방식의 부하 시 탭 전환 변압기를 도식한 것이다. S_1, S_2가 탭 1과 6으로 닫혀 탭 1로 운전되고 있을 때 탭 2로 전환하는 데는 우선 S_{11}을 열고 S_1을 탭 2로

이동한 다음 S_{11}을 닫은 후 S_{12}를 닫으면 탭의 절환이 끝난다. 탭을 전환하는 과정에서 탭이 2, 6에 있는 상태에서 S_{11}과 S_{12}가 닫힐 때는 탭 1, 2 사이의 권선에서는 국부적으로 순환 전류가 흐르나 전류제한 리액터에 의하여 억제된다.

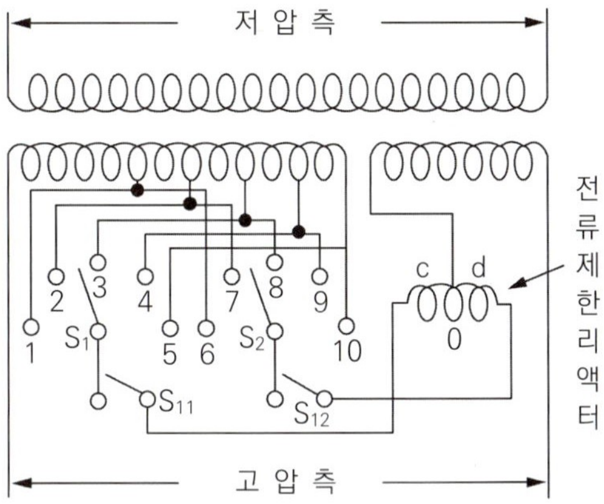

그림 6-5 무부하 시 탭 전환 변압기

2. 절연 파괴

절연체가 어느 정도 이상의 전계가 가해지면 절연성이 파괴되어 급격한 전류가 흘러 절연물로서 역할을 할 수 없게 되는 현상을 **절연 파괴**라 한다. 절연 파괴의 종류에는 기체 유전체, 고체 유전체, 액체 유전체, 복합 유전체 절연파괴가 있고, 절연파괴 현상은 고전압에 의한 방전현상이라 할 수 있으며, 이는 형광등, 정류기, X선 등에 응용되고 있다.

1) 기체의 절연 파괴

기체 중의 절연 파괴 현상은 집중 전자 또는 광자에 의한 기체의 전리 작용으로 인하여 발생하므로 전극 간에 전리되는 중성 기체 분자가 존재하지 않을 경우 전리가 생겼다고 해도 절연 파괴가 일어나지 않게 될 것이다. 이와 같은 관점에서 고전압 기기의 절연에 진공을 사용한다.

기체 절연 파괴와 가장 밀접한 관계를 가지고 있는 공기 중의 방전은 비자속 방전과 자속 방전으로 크게 분류할 수 있다. 비자속 방전이라 함은 전리를 지키는 외부 작용이 없어지면 전극 사이의 전류가 0으로 되는 범위의 방전을 말하며 암류(dark current)는 비자속 방전에 속한다. 자속 방전이라 함은 전리시키는 외부 작용에 의존하지 않고도 충돌 전리 작용에 의하여 전극 사이에 전류가 흐르게 되는 범위의 방전을 말하며 자속 방전은 다시 **코로나 방전**(corona discharge : 국부 파괴 방전), 불꽃 방전 및 전로 파괴 방전으로 세분할 수 있다. 전극 사이에서 전계가 강한 국부만이 절연 파괴되어 발광하는 국부 파괴의 상태가 코로나 방전이며, 전압을 올림에 따라 코로나 방전으로부터 전로(electric circuit) 파괴로 이행할 때의 단시간 내의 과도 현상을 불꽃 방전이라 한다. 전로 파괴 방전이라 함은 전극이 글로우(glow) 또는 전호(arc)로 완전히 단락되는 상태를 말하며 전로 파괴 방전에는 **글로우 방전**(glow discharge)과 **전호 방전**(arc discharge)의 두 종류 방전 형식이 있다.

글로우 방전은 비교적 낮은 기압에서 전류가 적을 때 나타나며 전호 방전은 비교적 높은 기압에서 전류가 클 때 나타난다. 그러나 글로우 방전도 전류가 커지면 전호 방전으로 된다. 따라서 전호 방전은 방전의 최종 형식이라 할 수 있다.

코로나 방전은 국부 불꽃 방전이라 하며 양성과 음성 코로나 방전으로 나뉘며 양성 코로나 방전은 글로우 코로나, 브러시 코로나, 스트리이머 코로나 방전의 형식을 취하고 음성 코로나 방전은 브러시 코로나 방전의 형식을 취하는 것이 보통이다. 최근 고전압화에 수반하여 절연 강도를 증대시키는 일과 온도 상승을 방지하기 위한 냉각 효과를 향상시키는 일이 필요하게 되었다. 고압 절연에 사용되는 기체가 가져야 할 성질은 다음과 같다.

① 절연 강도가 클 것

② 열적으로 안정하고 불연성, 비폭발성, 내염성을 가질 것

③ 부식성, 독성이 없을 것

④ 열전도율이 크고, 점성이 적을 것

⑤ 비점, 융점이 낮을 것

기체의 절연 재료로는 화학적 열적으로 안정하며 공기에 비해 절연 강도가 높고 열 전도율이 큰 6불화황(SF_6), 동일 압력 동일 온도에서 공기의 약 2.5배의 절연 내력을 가지고 있는 프레온 가스(CCl_2F_2), 압축 공기, 탄산 가스와 질소의 혼합 가스 등이 있다.

2) 고체 유전체의 절연 파괴

고체 절연체로 주로 사용되는 절연 재료로는 자기(porcelain), 종이 및 종이 제품, 합성수지, 성층 절연물 또는 적층판, 면포 제품, 고무 및 고무 제품, 목재 제품 등이 있는데 시료 표면과 전극의 접촉이 문제가 된다. 전극과 절연물 사이에 갭이 존재하면 전압을 인가할 때 절연물이 파괴되기 전에 갭에서 기체의 방전이 발생할 수가 있다. 이로 인하여 낮은 전압에서 절연 파괴가 일어날 수 있으므로 전극과 접촉하는 면에 금속을 증착시키든가 도전

도료를 칠하기도 하며 방전의 발생이 어려운 절연유 중에서 전압을 인가하여 절연 파괴 전압을 측정한다. 또한 고체 절연물의 절연이 파괴되는 것을 측정하는 데는 전극 상황, 전압 인가 시간, 온도에 의해 파괴 전압이 달라지는 어려움이 있다. 전압인가 시간이 길수록 파괴 전압이 저하하고 온도가 높을수록 파괴 전압이 저하한다.

3) 액체 유전체의 절연 파괴

액체 절연물로서 가장 많이 사용되는 것은 변압기유, 개폐기유, 함침유 등과 같이 절연유(기름)이다. 절연유에는 천연 광유(mineral oil)와 인조유가 있다. 천연 광유는 원유로부터 분해된 것이며 보통 절연유로서 사용되고 있는 것은 비중 0.87~ 0.88 정도의 황색인 것이다. 원유의 주성분으로서는 파라핀족, 나프텐족, 방향족 및 불포화 탄화 수소계이며 여기에는 미량의 불순물이 포함되어 있다.

인조유로서는 3염화 벤졸, 5염화 지페닐, 또는 이들의 혼합물이 사용되는 경우가 많고 최근에는 silicon oil이 새로운 합성 절연유로서 등장하게 되었다. 실리콘유는 그 구성 요소를 여러 가지로 조합함으로서 여러 가지 성질을 얻을 수 있는데 그 일반적인 특징으로서는 내열성이 풍부하고 내한성이 있으며 화학적으로 안정하여 열화되기 어렵고 불연성이라는 점이다. 절연 내력은 100~120[kV/mm], 절연 저항은 상온에서 $7 \sim 8 \times 10^{14}$[Ω · cm], 비유전율은 60[cps]에서 2.58정도이다.

보통의 절연 광유에 대한 불꽃 전압치는 그 변화가 심하므로 유중(油中)의 불꽃 전압치는 많은 측정을 하여 평균치를 취해야 한다. 불꽃 전압치가 변화하는 원인에 대해서는 유중에 있는 불순물 또는 수분이 시험할 때마다 그 상태가 달라지기 때문이라고 보고 있으며 절연유 자신의 물리 · 화학적 구조가 복잡하다는 점에도 그 원인이 있다고 보고 있다. 평등 전계에서 절연유의 불꽃까지는 실효치로 50~100[kV/cm]이며, 이것은 공기의 불꽃 전계에 비하여 4~6배의 절연성을 가지고 있다.

불평등 전계가 만들어지면 코로나 방전이 발생하는데 이것을 유중 코로나 방전이라 한다. 이것은 공기 중 코로나 방전과 같이 안정하지 않고 유중 코로나 방전 개시 전압은 유중에 포함되어있는 불순물의 정도에 따라 현저하게 달라진다. 그러므로 유중 코로나 방전 개시 전압을 정확히 표시할 수는 없으나 보통 절연유에서는 공기 중에 비하여 10~15배 정도이다. 유중에서 코로나가 발생하면 구성 분자와 축합하여 H_2 가스를 발생함과 동시에 점도가 높은 물체를 만들어 내므로 전도가 높은 절연유를 만드는데 이것을 이용하는 경우도 있다.

변압기유에 있어서는 그 절연 내력은 주로 그 순도와 관계가 있으며 절연 내력을 측정하여 그 순도를 판정할 수 있다. 변압기유 중에서 지름 12.5[mm] 구형 전극을 사용한 경우

2.5[mm]의 간극에서의 50~60[cps] 교류 전원에 대한 방전 전압이 실효치로 30[kV] 이상 되어야 한다고 규정되어 있으며 순수한 절연유에서는 교류 파괴 전압의 최대치와 직류파괴 전압과는 거의 동일하게 되는 것이 보통이다.

3. 고전압과 접지

전압은 저압(직류:750[V] 이하, 교류:600[V] 이하), 고압(직류:750[V] 초과, 교류:600[V] 초과 7,000[V] 이하), 특고압(7,000[V] 이상)으로 분류되는데 특히 고전압이 발생될 때에는 부식이나 절연유의 열화에 의한 절연 파괴 현상이 발생될 경우 고압 장치의 외부 금속에 고압부가 접촉되기도 하고 그들간에 정전용량에 의해 대전하는 경우에 인체가 접촉하면 감전이 유발된다. 이와 같은 감전 현상이 발생하는 경우 인체에 대한 영향을 최소화하기 위하여 외부 금속을 **접지**(earth)시켜 전위를 떨어뜨린다.

접지는 항상 땅과의 사이에 저항이 있으므로 전기 기기의 규모와 용도에 의해 접지 저항치가 법규로 규정되어 있는데 제 1종 접지는 접지 저항치가 10[Ω]이하이며 고압 및 특별 고압 기계 기구, 철대 및 외함 접지, 피뢰기 정전 방전기, 특별 고압 변성기 2차측 전로가 대상이 되는 접지이며 제 2종 접지는 변압기 2차측 전로가 대상이 되며 접지 저항을 150/1 선 지락 전류 이하로 하는 것이다. 제 3종 접지는 접지 저항치가 100[Ω] 이하이며 400[V] 미만의 저압기계 기구 철대 및 외함 접지, 고압 변성기 2차측 전로가 대상이 되는 접지이다. 이 외에도 특별 제 3종 접지가 있는데 이는 접지 저항치를 10[Ω]이하로 하여야 하며 400[V]이상의 저압 철대 및 외함 접지에 적용된다.

콘덴서를 사용하는 직류 고압 전원은 전원 스위치를 off시켜도 콘덴서에는 전하가 남아 있기 때문에 내부 점검 때 감전의 우려가 있으므로 콘덴서 양단을 단락하여 방전한 다음 점검함으로서 위험을 방지할 수 있다.

제 7 장

전기계측

Electrical Measurement

제 7 장

전기계측

학습목표	중심단어
1 전기계기의 기호와 허용오차를 설명할 수 있다. (B)	전기계기, 허용 오차
2 가동코일형 계측기, 가동철편형 계측기를 설명한다. (A)	가동코일형 계측기, 가동철편형 계측기
3 VOM 테스터의 특징을 설명한다. (A)	VOM 테스터

1. 측정의 개요

어떤 양을 수량적으로 표현하는데 그 양과 동일 종류를 비교하는 기준이 필요하다. 이 기준의 양을 단위라고 한다. 어떤 양이 기준 단위의 몇 배가 되는가를 구하는 조작을 측정이라 하며, 이와 같은 조작을 하는 장치가 측정기이다.

측정 방법은 직접 측정과 간접 측정이 있다. 어떤 물리량을 측정하는 경우, 측정되는 양과 같은 종류의 양을 사용하여 비교하는 방법을 직접 측정이라 한다. 이에 반해, 측정되는 양과 관계가 있는 다른 독립된 양을 직접 측정하여 그 결과로 계산 등을 구하는 방법을 간접 측정이라 한다. 이들 관계를 구체적으로 저항 측정으로 설명한다.

테스터의 저항계로 저항값을 측정하는 경우 그림 7-1 (a)와 같이 저항치가 계기에 나타나므로 이것은 직접 측정이다 그림 7-1 (b)와 같이 전압 V와 전류 I를 직접 측정하고 $R = \frac{V}{I}$의 계산식으로 저항 R을 구하는 경우가 간접 측정이다.

측정기의 값을 표시하는 방법으로는 아날로그 표시와 디지털 표시의 2가지가 있다. 아날로그식 계기는 지침의 움직임과 각도로 나타나므로 측정량의 대소 관계를 알기 쉽다고 하는 이점이 있고, 결점은 측정자에 의한 측정 오차가 생기기 쉽다는 것이다. 디지털식 계기는 측정량이 수치로 표시되기 때문에 측정자에 의한 오차는 생기지 않는다.

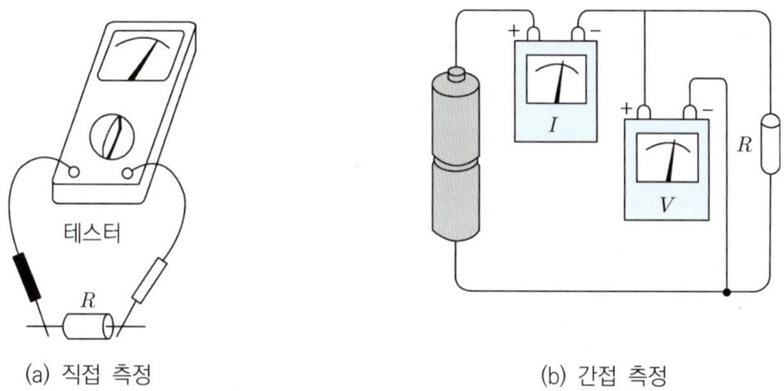

그림 7-1 저항의 직접측정과 간접측정

또한 정밀도가 높다는 장점이 있으며, 측정량의 대소 관계를 순간적으로 판단하기 어렵다는 단점이 있다. 정확성이 요구되는 측정기로는 아날로그식에 비해 디지털식이 절대 우위이고 현재 디지털 계기가 널리 사용되고 있다.

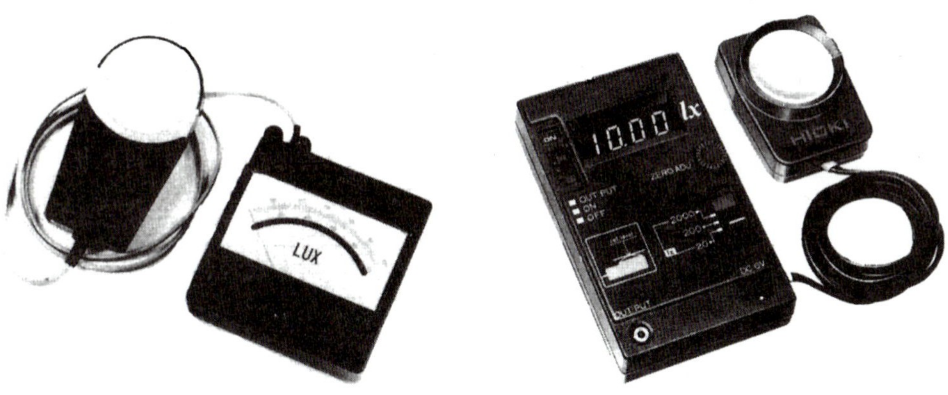

그림 7-2 아날로그 표시와 디지털 표시

2. 오 차

측정에 있어서 가장 정밀도가 높은 측정기를 사용하여 잘못이 없는 측정을 하였더라도 참값을 구하는 일은 불가능한 것이다. 그 이유는 측정기 자체가 참값과 완전하게 일치할 수 있도록 만들어져 있지 않기 때문이고, 또한 그 측정을 인간이 하는 이상 측정상 오류가 일어날 수 있기 때문이다. 그러므로 측정에는 반드시 다소의 오차가 포함된다.

측정값을 M, 참값을 T라고 하면, 오차는 다음과 같은 식으로 표현된다.

$$\epsilon = \mathrm{M} - \mathrm{T} \tag{7-1}$$

오차 백분율은 오차를 참값으로 나눈 것이고, 다음 식으로 표현된다.

$$\text{오차 백분율 } \epsilon = \frac{\mathrm{M} - \mathrm{T}}{\mathrm{T}} \times 100 \ [\%] \tag{7-2}$$

오차가 생기는 원인으로는 실수, 계통 오차, 우연 오차가 있다. 실수는 그림 7-3과 같이 측정자의 깜박 에러로 인해 생기는 것으로 측정을 충분히 주의해서 하면 방지할 수 있는 것이다. 계통 오차로는 측정기 자체가 갖는 오차와 측정자의 비롯에 의한 개인 오차가 있다. 계통 오차 중 그림 7-4와 같이 계기의 영점 조절을 정확히 한다든지 바늘을 바로 위에서 읽으면 오차를 방지할 수 있다. 그러나 계기 자체의 허용 오차는 제거할 수 없다.

그림 7-3 실수에 의한 오차

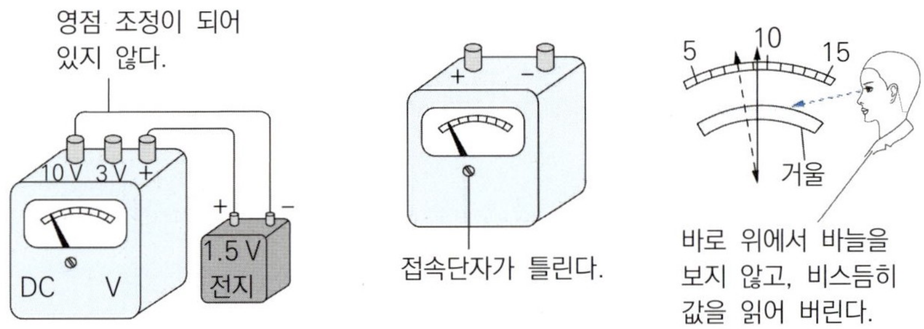

그림 7-4 계통 오차를 포함하는 측정

고가의 정밀도가 높은 계기로 측정하였다 하더라도 그 계기를 교정한 표준 측정기라도 다소의 오차가 있기 때문에 참값은 구할 수 없다. 그러므로 계기 자체에 허용되는 오차 범위와 한계를 결정, 그 오차 범위에 들어갈 수 있도록 제작된다. 계기의 오차의 허용 한계를 허용 오차라고 한다.

계기는 허용 오차의 정도에 따라서 지침 계기의 경우 5단계로 구분된다. 예를 들면, 1.0급 계기라는 것은 눈금의 유효 측정 범위에서 오차가 정격치(rated value)의 1.0% 이하가 아니면 안된다는 것이다. 표 7-1은 지시 계기의 허용 오차에 따른 분류와 그 주요한 용도가 표시되어 있다. 또한 허용 오차는 계기의 정확성의 기준을 표현하는 것이다. 계기의 정확성을 정확도라는 것으로 허용 오차는 계기의 정확도라고도 한다.

표 7-1 계기의 허용 오차에 따른 분류

계기의 종류	계 급	허용 오차(%) (정격에 대한 %)	주요 용도
전압계, 전류계, 전력계 등의 지시계기	0.2급	±0.2	부표준기(설치용)
	0.5급	±0.5	정밀 측정(휴대용)
	1.0급	±1.0	일반용 측정(소형 휴대용)
	1.5급	±1.5	공업용 측정(배전반용)
	2.5급	±2.5	공업용 측정(소형 배전반용)

3. 전기 단위계

전기 단위는 국제 단위계(SI unit)의 7개 기본 단위로부터 전자기학의 법칙과 정의를 통해 실험적으로 유도된 것이 유도 단위이다. 전기에 관계하는 고유한 명칭을 갖는 유도 단위를 표 7-2에 보였다.

표 7-2 고유명칭을 갖는 유도단위

양	단위의 명칭	단위기호	양	단위의 명칭	단위기호
주파수	헤르츠	Hz	자속	웨버	Wb
일, 열량	주울	J	자속밀도	테슬라	T
전력	와트	W	힘	뉴튼	N
전기량	쿨롱	C	압력	파스칼	Pa
전압, 전위차	볼트	V	광속	루멘	lm
정전용량	패러드	F	조도	룩스	lx
저항	옴	Ω	셀시우스 온도	셀시우스도	℃
컨덕턴스	지멘스	S	인덕턴스	헨리	H

전기 단위계는 CGS 단위계, 실용 단위계, MKS 단위계가 있지만 길이의 단위로 m, 질량의 단위로 kg을 국제 단위계로 사용하므로 최근에는 MKS 단위계가 널리 사용되고 있다.

CGS 단위계는 길이의 단위로 cm, 질량의 단위로 g, 시간의 단위로 s를 취하는 단위계로서 전기적인 양에는 ϵ_0, K를 1로 하는 CGS 정전 단위(CGS electrostatic unit)를, 자기적인 양에는 M_0, K를 1로 하는 CGS 전자 단위(CGS electrostatic unit)를 이용한다.

실용 단위계는 가장 실용적인 크기와 가깝게 정해진 단위계를 말하는데 이것은 CGS 전자 단위를 기본으로 해서 1[Ω]=10^9emu, 1[V]=10^8emu로 정하고 다른 나머지 양을 정한 것이다.

MKS 단위계는 길이를 m, 질량을 kg, 시간을 s로 표시하고 모든 전자기학의 공식을 간단히 합리화시킨 단위계이며, 이것에 Ampere를 취한 것을 MKSA 단위계라고 한다.

4. 전기 계기의 종류

전기는 인간의 감각에 직접 결부되지 않은 것이기 때문에 바늘이 흔들리는 것처럼 눈으로 보이는 양으로 변환하지 않으면 안된다. 즉, 전기량의 표시에 지침 등이 사용되는 것이 전기 계기이다.

전기 계기의 분류 방법에는 동작 원리에 따른 분류, 허용 오차에 따른 분류(표 7-1), 용도에 따른 분류 등이 있는데, 표 7-3은 전기 계기를 동작 분류로 분류한 것이다.

표 7-3 동작 원리에 따른 분류 및 계기 사용

종류	기호	사용회로	계기 사용 예
가동코일형		직류	전압계, 전류계, 저항계, 회전계, 온도계, 검류계, 조도계, 자속계
가동철편형		교(직)류	전압계, 전류계, 회전계
전류력계형		교(직)류	전력계, 주파수계, 전압계, 전류계, 역률계
열전형	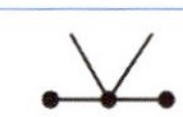	교(직)류	전압계, 전류계, 전력계
정전형		교(직)류	전압계
정류형	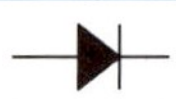	교류	전압계, 전류계, 주파수계
유도형	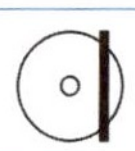	교류	전력량계

표 7-4 측정량의 단위 기호

사용 회로	그림 기호
직류용	—
교류용	～
교직 양용	≂
평형 삼상 교류용	≋

표 7-5 사용 회로의 그림 기호

측정량	단위 기호
전압	V, μV, mV, kV
전류	A, μA, mA, kA
전력	W, mW, kW, MW
역률	cosθ
저항	Ω, mΩ, kΩ, MΩ
주파수	Hz, kHz, MHz, GHz

표 7-6 놓는 방법의 그림 기호

놓는 방법	그림 기호
연직형	⊥
수평형	⊓
경사형(60°)	∠60°

5. 전기 계기의 구조

전기 계기는 지침을 흔들리게 하는 구동 장치, 스프링의 힘을 이용하는 제어 장치, 침의 진동을 억제하는 제동 장치, 지침의 흔들림을 지시하는 읽어내기 장치 등으로 구성된다.

1) 구동 장치

전기 계기 중에도 정밀도 및 감도가 가장 높고 기계적으로 간단한 가동 코일형 계기의 구조에 대해서 설명하도록 하겠다. 그림 7-5와 같이, 가동 코일형 계기는 영구자석 NS에 자극편 P가 붙어있다. 원통형의 고정 연철심 K의 장방형의 감는 틀에 가동 코일 C가 감아지고, 감는 틀의 상하로 제어용 스파이럴 스프링 S를 장치한 축이 있다. 축에는 직각으로 지침이 장치되고, 베어링에 의해 가동할 수 있도록 되어 있다. 측정 전류 I가 가동 코일로 흐르게 되면 플레밍의 왼손법칙에 의해 전자력이 작용하고 힘 F가 발생한다. 그 힘은 축을 중심으로 회전력이 되고 구동 토크 T_d가 발생한다.

$$T_d = k_1 I \ \ [N \cdot m] \ (k_1 \ : \text{상수}) \tag{7-3}$$

다시 말하면 구동 토크는 측정 전류 I에 비례하므로 계기는 평등 눈금이 된다.

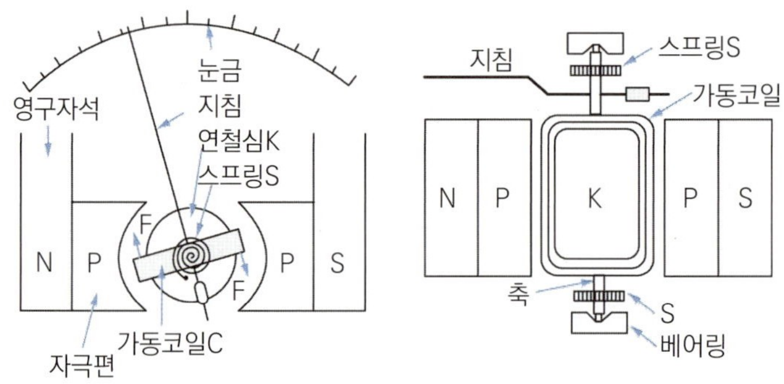

(a) 구조 (b) 단면도

그림 7-5 가동 코일형 계기의 구조

2) 제어 장치

가동 코일형 계기에 구동 토크(driving torque)가 발생하면, 지침은 모터가 회전 할 수 있도록 움직이기 시작하고 측정하는 양과 일치했을 때 지침을 멈추게 해주는 힘인 제어 토크 T_C가 필요하다. 제어 토크는 소용돌이치는 용수철의 힘에 의해서 발생하며, 지침의 흔들리는 θ와 제어 토크 T_C의 관계는 다음 식으로 표현할 수 있다.

$$T_c = kl_2\theta(k_2 \ : \text{상수}) \tag{7-4}$$

3) 제동 장치

전기 계기의 지침은 구동 토크와 제어 토크가 균형을 이루는 지점에서 진동하며 천천히 정지한다. 이 진동을 신속하게 멈추게 하기 위한 장치가 필요한데 이 장치를 제동 장치라고 한다. 제동 장치에는 그림 7-6 (a)와 같은 공기 제동 방식과 (b)와 같은 전자 제동 방식이 있다.

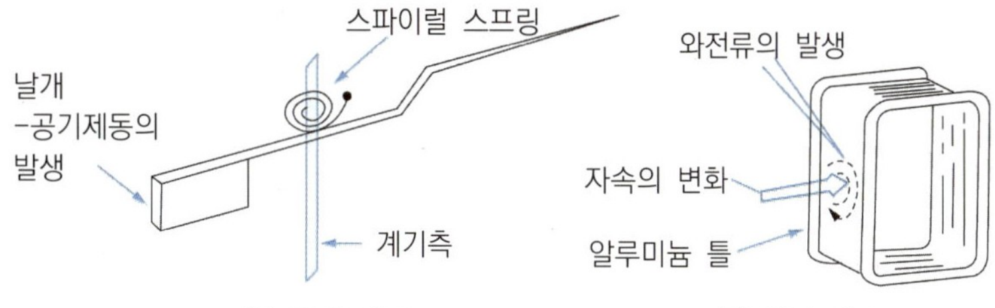

(a) 공기 제동 (b) 전자 제동

그림 7-6 제동 장치

4) 지지 장치

전기 계기의 가동 코일과 지침을 지탱하는 장치를 말하며, 피벗지지 방식과 토트밴드 지지 방식의 2종류가 있다. 피벗이란 뾰족한 축을 말하는 것이며 가동 코일형 계기의 피벗지지 방식 구조는 그림 7-7 (a)와 같다. 베어링에는 인조 보석인 사파이어와 루비가 삽입되어 있다. 그림 7-7 (b)는 토트밴드 계기의 구조이며 축으로는 판상 스프링(밴드)이 사용되고 있고, 축의 밴드는 3가지 역할을 하는데 첫째는 제어 토크(스파이럴 스프링의 역할)를 발생시키고, 둘째는 회전축의 역할을 하고, 셋째는 가동 코일에 측정 전류를 흘리는 통로의 구실을 한다.

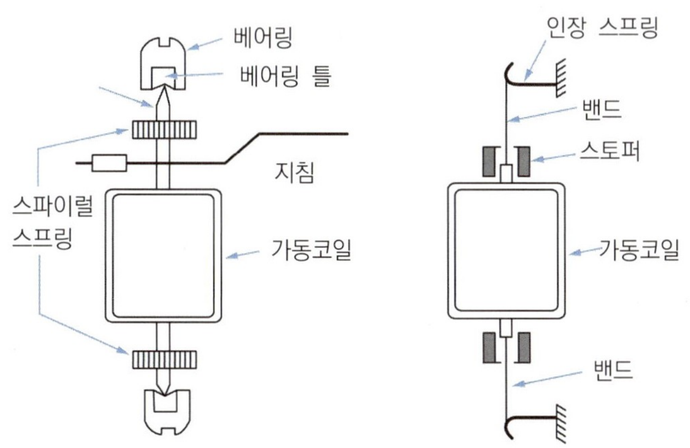

(a) 피벗지지 방식 (b) 토트밴드지지 방식

그림 7-7 지지 장치의 종류

6. 테스터

테스터는 circuit tester의 약칭으로 회로 시험기이다. 테스터는 전기를 배우는 학생으로부터 전문 기술자까지 누구나 자주 사용하는 가장 대중적인 측정기 중 하나이며, 부품의 체크, 도통 시험, 전원의 전압 체크 등 1대로 다기능 측정을 할 수 있는 편리하고 유용한 계기이다. 예전에는 아날로그식 테스터가 많이 사용되어 왔으나, LSI 등 반도체 기술의 진보에 따라 디지털식 테스터가 고성능이며 값이 저렴하게 되었기 때문에 현재에는 디지털식 테스터를 널리 사용하고 있다. 디지털식 테스터에는 소형으로 휴대할 수 있는 형식의 디지털 테스터와 그것보다 큰 설치형의 형식인 디지털 멀티미터가 있다(그림 7-8).

테스터는 직류 전압, 직류 전류, 교류 전압, 교류 전류(아날로그식 테스터에는 없다), 저항의 5개 기본 측정 기능을 갖추고 있고, 배터리 체크, 온도 측정, 트랜지스터 직류 전류 증폭률(hFE) 특성 등의 측정 기능이 첨가된 것도 있다.

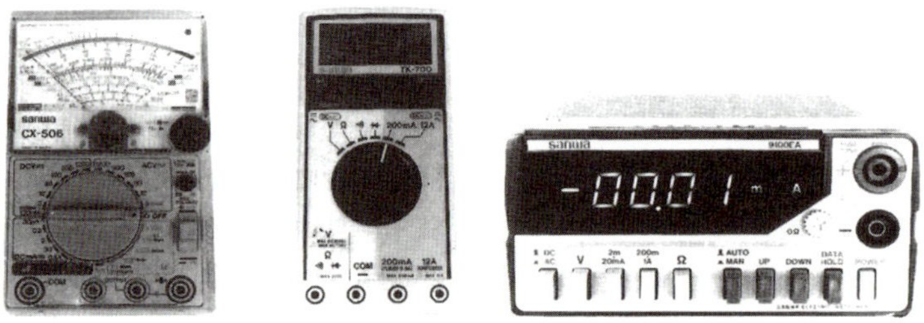

그림 7-8 테스터의 종류

1) 아날로그식 테스터와 디지털식 테스터의 특징

아날로그식 테스터와 디지털식 테스터를 표 7-7에 보인 것처럼 성능 면에서 비교하면 거의 모든 항목에서 디지털 테스터 쪽이 우수하다.

하지만 보수와 점검 및 수리에 사용되는 테스터는 어느 정도의 측정 오차까지는 문제가 되지 않고, 움직이는 변화량을 읽기가 어렵고, 도통 시험에서 디지털 표시로는 대소 관계를 해독하기가 힘들며, 정밀도가 높아 오히려 사용하기가 어렵다는 단점을 가지고 있다. 또한 아날로그식 테스터는 지금까지 사용해 온 경험과 애착이 있어서, 디지털식 테스터와 함께 앞으로도 사용될 계기이다.

표 7-7 아날로그식 테스터와 디지털식 테스터의 특징 비교

	아날로그식 테스터의 특징	디지털 테스터의 특징
원기	가동 코일형 전류계	전자회로로 구성된 전압계
전압계의 내부저항	• 1V당 20kΩ(DCV계) • 저전압 범위일수록 낮다	• 1V이상 범위에서 10MΩ • 300mV 범위에서 수천MΩ
눈금표시	• 지침표시 • 변하는 과정을 알기 쉽다 • 해독오차가 나오기 쉽다	• 숫자표시 • 변하는 양은 읽기가 어렵다 • 측정하더라도 동일값
정확도 (허용오차)	• 직류전압계·전류계±3% • 교류전압계 ±4%	• 직류전압계(고급기±0.1%,저가격계기±0.5%) • 일반적으로 아날로그식보다 정확성이 높다
취급	• 범위의 사용법에 주의 • 극성(침의 반대흔들림)에 주의한다	• 범위의 변환은 계기가 자동적으로 행한다 • 극성⊖부호가 표시된다
전원 스위치	없음	있다(스위치 OFF를 망각하지 않을 것)

2) 아날로그 테스터 측정 방법

아날로그식 테스터의 측정 모드에는 직류 전압, 직류 전류, 교류 전압, 저항이 있다. 측정 전에는 다음과 같은 사항을 확인하고 사용해야 한다.

① 영점 조정이 제대로 되어 있는지 점검한다.
② 테스트 막대의 적색은 ⊕단자에, 흑색은 ⊖단자에 올바르게 접속되었는지 점검한다.
③ 보호 회로용 퓨즈가 끊어져 있지 않은지, 내장 전지가 소모되어 있지 않은지 점검한다.
④ 로터리 스위치 측정 모드를 정한다.
⑤ 측정 범위를 맞춘다(측정값이 불명확할 때는 조금 큰 범위에 맞춘다).
⑥ 측정 모드 변환 시에는 테스트 막대를 측정 회로에서 뗀다.

테스터의 직류 측정 범위는 0.1~600[mA] 정도로 수십 mA라고 하는 미소 전류는 측정할 수 있지만, 비교적 큰 전류는 무리이다. 그림 7-9 (a)는 펜라이트의 점등 전류를 측정하는 경우이다. 그림 (a)와 같이 로터리 스위치를 500[mA] 범위에 맞추고 붉은 테스터 막대를 전지 ⊕극에, 흑막대를 램프에 접속한다. 라이트의 금속 케이스를 리드선으로 연결하면 점등하여 전류 측정을 할 수 있다.

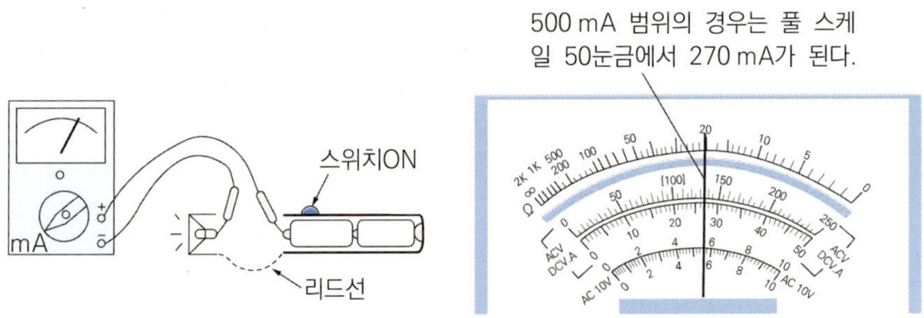

(a) 펜라이트의 점등 전류 (b) 500㎃ 범위

그림 7-9 직류 전류 측정 방법

가정에서 사용하는 사용 전원은 교류이다. 그림 7-10과 같이 테스터의 로터리 스위치를 AC 120[V] 범위에 맞추고 콘센트에 테스트 막대를 삽입하면 테스트 막대의 극성은 교류인 경우 고려하지 않아도 좋다. 그림 7-10의 눈금판에는 120[V] 눈금이 없기 때문에 12[V] 눈금을 10배 하고, 지침이 이동한 값 104[V]를 읽으면 된다.

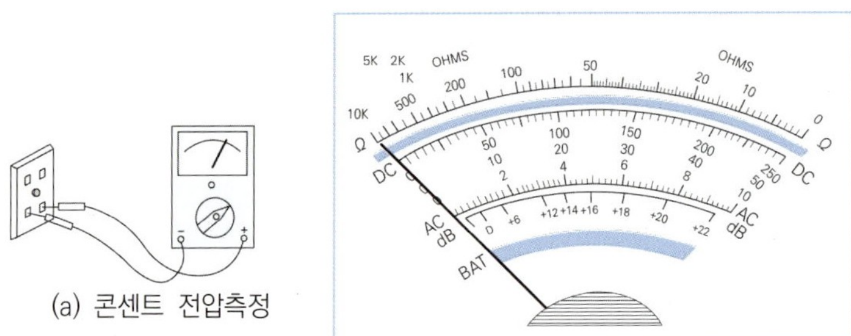

(a) 콘센트 전압측정

그림 7-10 교류 전압 측정 방법

테스터의 저항계는 측정 정밀도가 나쁘지만 쉬운 측정법이기 때문에 많이 사용되고 있는데, 측정 전에 그림 7-11 (a)와 같이 로터리 스위치를 저항 범위에 맞추고 테스트 막대를 단락시켜서 영점을 조정한다. 그림 7-11 (b)와 같이 테스트 막대를 저항의 리드에 대고 저항 눈금을 읽는다.

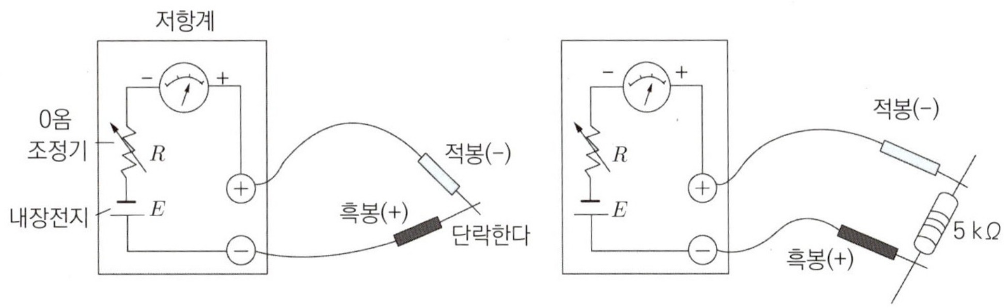

(a) 영점조절 (b) 저항 접속

그림 7-11 저항 측정 방법

또한 저항계에서 한쪽 통행 소자인 다이오드의 좋고 나쁨을 판정할 때 이용하고 있다. 그림 7-12 (a)는 다이오드에 대해서 테스트 막대의 접속이 순방향이며, 순방향 저항은 작기 때문에 R×1 범위로 한다. 측정값은 20[Ω]이다. 그림 7-12 (b)의 저항계는 역방향 저항을 측정하기 때문에 R×1k의 고저항 범위로 한다. 바늘의 움직임은 ∞[Ω]이다. 측정 결과로 이 다이오드는 정상 기능을 하는 소자라고 하는 것을 확인할 수 있다.

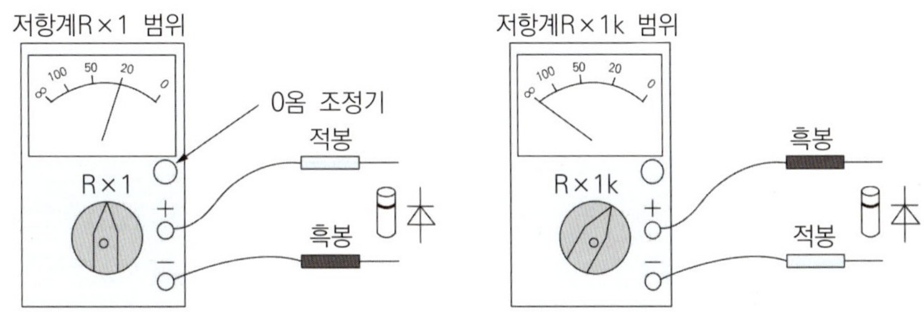

(a) 순(順)방향 접속 (b) 역방향 접속

그림 7-12 다이오드 부품 검사 방법

3) 디지털 테스터 측정 방법

디지털 테스터의 측정 기능으로는 직류 전압, 직류 전류, 교류 전압, 교류 전류, 저항 등의 기본 측정 모드가 있으며, 온도, 주파수, 주기, 진동[dB] 등의 측정과 측정 데이터를 기억하는 기능을 갖추고 있는 것도 있다. 시간에 대해 연속적으로 변화하는 아날로그 양을 수치화 된 디지털 양으로 변환하여 측정하면 정확한 측정을 할 수 있다.

그림 7-13은 디지털 테스터의 5개의 기본 측정 회로의 원리이다. 전압 측정의 경우 입력 전압은 배율기의 저항 네트워크로 들어가는데 전압 크기에 따라 자동 범위 설정으로 배율기가 선택된다. 수동 변환 수위치를 지난 입력 전압은 A-D 변환되어 측정값이 표시된다. 전류계 측정은 수동 스위치를 전류 범위에 맞추고 직류 또는 교류 범위를 선택한다. 입력 전류는 분류기의 저항 네트워크로 들어가 자동 범위 설정이 되고, A-D 변환기로 들어가 측정값이 표시된다.

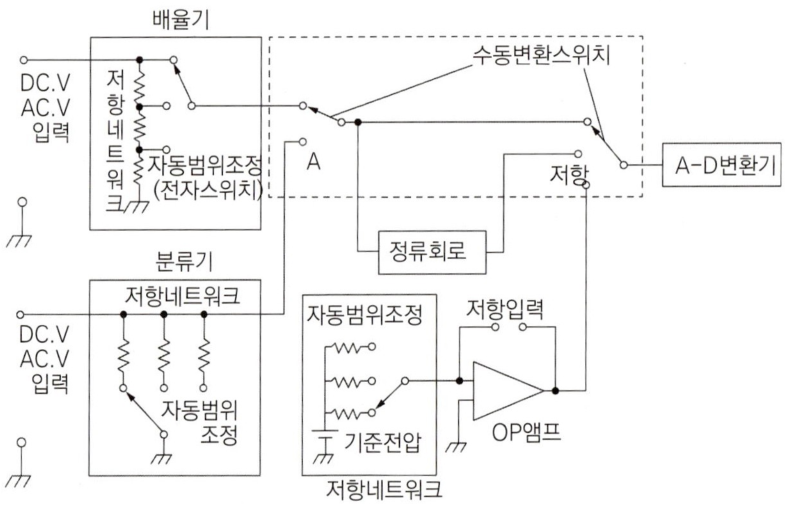

그림 7-13 디지털 테스터의 측정 원리

저항 측정에는 수동 스위치를 저항 모드로 하여 미지의 저항을 측정 단자에 접속해서 자동 네트워크가 자동범위 설정이 되고 A-D 변환기를 통해 저항값이 표시된다.

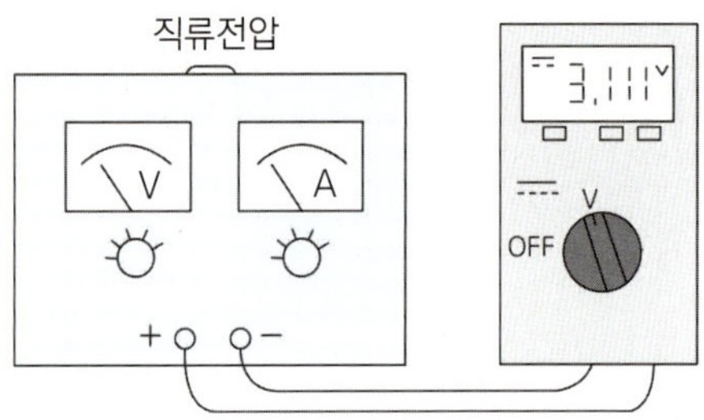

그림 7-14 직류 전압 측정 방법

디지털 테스터의 직류 전압 측정은 측정 기능 스위치를 직류 전압 측정 모드에 맞추면 잠시 후 직류 전압 측정 모드로 이행하고, 측정 범위는 저에서 고범위까지 자동 조절되는 구조로 되어 있으며 붉은 테스트 막대를 전자의 ⊕측에, 검은 테스트 막대를 ⊖극에 접속하여 측정되는 값을 읽으면 된다. 그림 7-14는 직류 전압 측정 방법의 예를 표시한 것으로, 측정값은 3.111[V]이다.

전류의 측정은 측정 기능 스위치를 전류 측정 모드로 하고 측정하는데, 저전류 범위에서는 자동 설정 기능이 있고, 300[mA] 이상 전류를 흘리면 O.L(측정 범위 벗어남)이 표시된다. 500[mA] 이상을 흘리면 보호회로의 퓨즈가 절단되어 테스터가 보호된다. 그림 7-15는 전류 측정 방법을 나타낸 것으로 측정값은 213.5[mA]이며 테스트 막대의 극성이 반대라는 것을 읽을 수 있다.

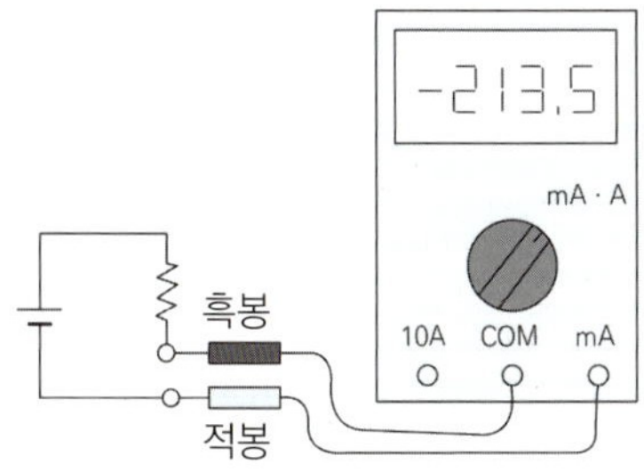

그림 7-15 전류 측정 방법

저항을 측정하려면 변환 스위치를 Ω 모드에 맞추고 측정하는데, 저항 측정 이전에 아날로그식 테스터와 같이 영점 조정의 확인을 해서 테스트 막대의 접촉 저항등이 없는지를 확인한 다음 측정하려고 하는 저항 단자에 테스트 막대를 대어 측정한다. 디지털 테스터에 Ω 모드에서는 소자에 가해지는 전압이 낮기 때문에 순방향 저항을 측정할 수 없으므로 다이오드 테스트 모드를 이용하여 다이오드의 순방향 저항을 측정하고 있다(그림 7-16 (a)). 테스터 막대는 아날로그 테스터와는 반대로 적색 막대를 ⊕극에, 흑색 막대를 ⊖극에 접속하여 측정하며 그림에서 순방향 전압은 0.560[V]를 나타내고 있다. 이 값은 소자에 0.6[mA]가 흘러서 소자의 순방향 전압 강하가 생긴 것을 측정한 전압이 0.560[V]이다. 이것은 그림 7-16 (b)의 다이오드 순방향 특성의 그래프에서 뒷받침되며, 다이오드의 역방향 전압은 전류가 흐르지 않기 때문에 O.L(측정 범위 벗어남)을 나타낸다.

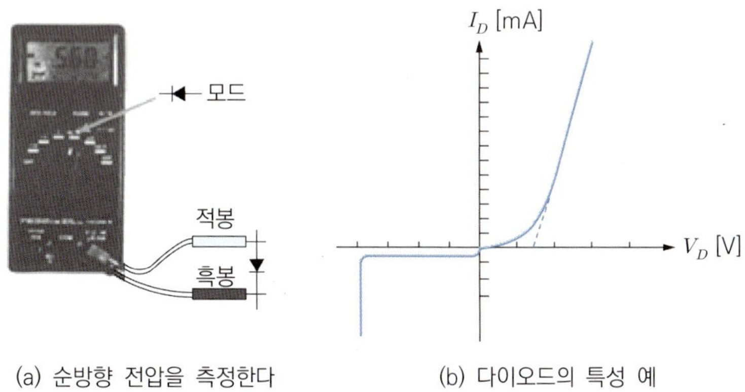

(a) 순방향 전압을 측정한다 (b) 다이오드의 특성 예

그림 7-16 다이오드 테스트 모드 측정 방법

7. 오실로스코프(oscilloscope)

시시각각으로 변화하는 전압과 전류와 같은 눈에 보이지 않는 전기 신호를 브라운관 면에 정지 파형으로 표시하고 기록도 할 수 있는 장치를 오실로스코프라고 한다(그림 7-17).

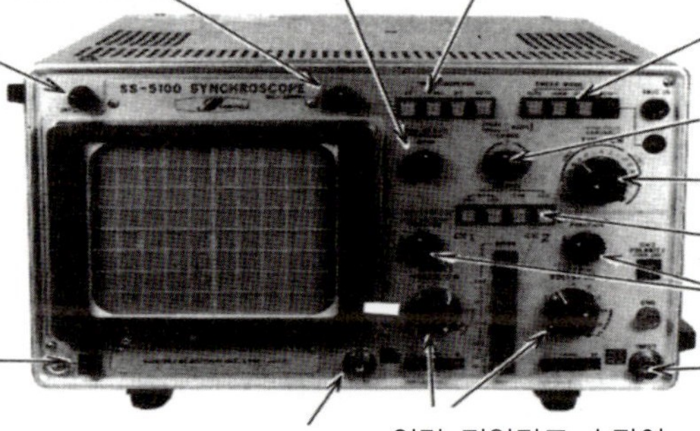

그림 7-17 오실로스코프의 구조 및 기능

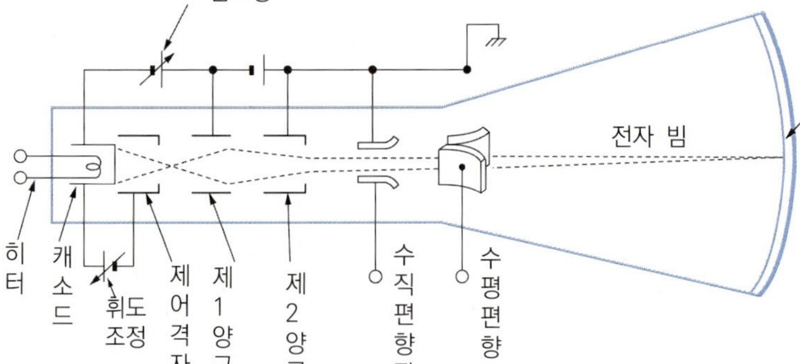

그림 7-18 브라운관의 구성

측정 신호인 사인파를 관측하면 왜곡이나 잡음(noise) 유무를 알고 구형파와 펄스파를 관측하면 파형의 형태와 펄스 폭 등의 시간 측정을 할 수 있다.

독일의 물리학자 브라운은 학생에게 전기의 파형을 보여 주기 위해 브라운관을 처음으로 발명하였고, 이것이 발전하여 오늘날 텔레비전 브라운관, 컴퓨터 모니터 등에 사용되고 있다. 텔레비전 브라운관은 큰 편향각이 필요하기 때문에 전자 편향형을 사용하고, 오실로스코프용 브라운관은 파형 왜곡이 적은 정전 편향형을 사용하고 있다. 오실로스코프용 브라운관은 그림 7-18에 나타난 것과 같이 관 내에 쌍으로 되어 있는 수직 편향판과 수평 평향판이 서로 직각인 관계로 놓여져 있으며, 진공으로 된 유리관 내는 히터와 전자 가속극을 포함하는 전자총과 편향판, 파형 표시용의 형광면 등으로 구성되어 있다.

오실로스코프의 측정 기능으로는 파형의 전압, 시간, 주기, 주파수를 측정할 수 있다.

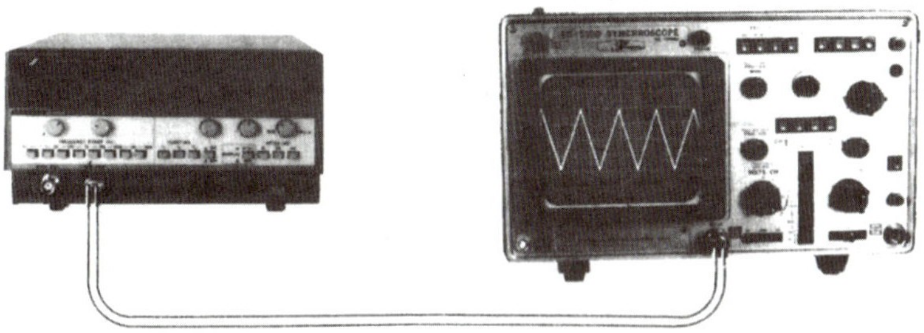

그림 7-19 삼각파 전압의 파형 관측

낙뢰와 지진파와 같은 단발적으로 발생하는 파형을 관측하는 데는 축적관의 원리를 응용한 스토리지 오실로스코프가 사용되어 왔으나, 최근에는 아날로그 양인 입력 신호를 디지털 양으로 A-D 변환하고, 반도체 메모리에 일시 저장하였다가 필요에 따라서 D-A로 변환하고 파형을 재현시키는 디지털 스토리지 오실로스코프(그림 7-20)가 많이 사용되며, 디지털 스토리지 오실로스코프는 그림 7-21에 나타난 것처럼 일반적으로 오실로스코프에 A-D 변환기, 메모리, D-A 변환기를 부착한 것이다. 이 장치의 등장으로 고속도 신호의 기록도 가능하게 되어서 오실로스코프에 있어서도 디지털 오실로스코프가 주목되고 있다.

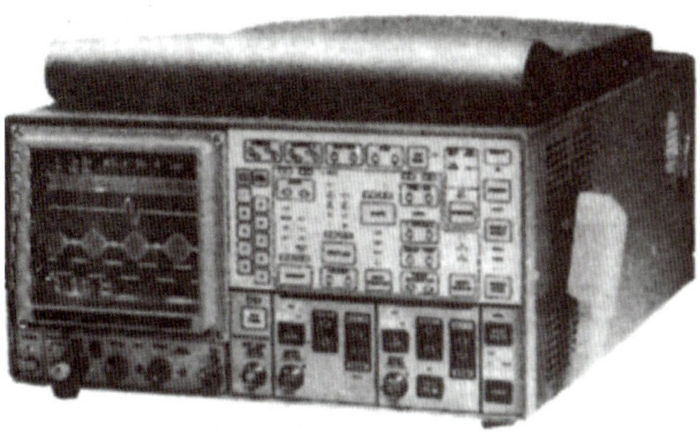

그림 7-20 디지털 스토리지 오실로스코프(2ch용)

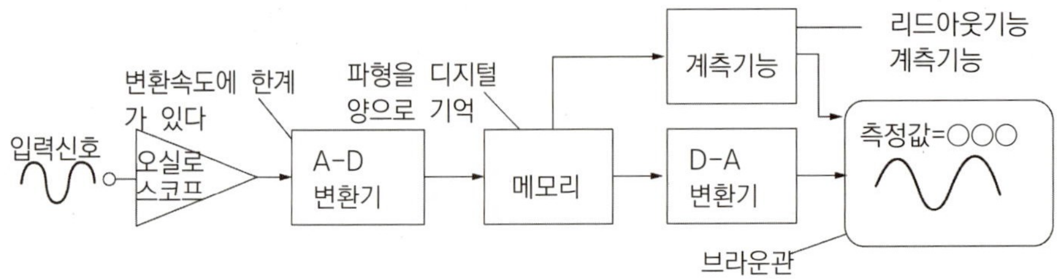

그림 7-21 디지털 스토리지 오실로스코프의 구조

제 8 장

전자전기재료

Electrical and Electronics

1 초전도 재료
2 압전 재료
3 전자방출 재료
4 레이저 재료
5 광섬유 재료
6 액정 재료
7 센서 재료

제 8 장

전자전기재료

학습목표	중심단어
1 의료분야에 사용되는 전기전자재료의 종류를 설명할 수 있다. (B)	초전도, 압전, 전자 방출
2 각 종 전기전자재료의 용도를 설명할 수 있다. (B)	레이저, 광섬유, 액정, 센서재료

전기전자의 재료에는 유전체 재료, 반도체 재료, 도전 재료, 자성체 재료 등이 보편적으로 사용되는 재료이나, 이 밖에도 의료나 첨단 과학 분야에서 주로 사용되어지는 초전도 재료, 압전 재료, 전자방출 재료, 레이저 재료, 광섬유 재료, 액정 재료, 센서 재료 등이 있다. 이 장에서는 특히 의료 분야와 관련된 전기 전자 재료에 대해 알아보도록 하겠다.

1. 초전도 재료

초전도 현상은 절대 온도 가까이에서 특정 물질의 전기 저항이 0이 되는 성질이며, 네덜란드 과학자 오네스(H. Kamelingh Onnes)가 처음으로 발견하였다. 이후 지속적인 연구의 결과로 초전도 물질은 의료 분야에서 MRI 장치, 뇌자도(MEG) 장치에 사용되며, 이 밖에도 심야의 에너지를 비축하기 위한 저장 장치, 자기부상 열차, 초고감도 자기 센서 및 종래 재료의 효율을 향상시킬 수 있는 발전기, 송배전 케이블, 대형 변압기, 초전도 TR 및 여파기 등에 응용되고 있다.

초전도체 재료는 단일 원소로서는 비교적 원자번호가 큰 금속 원소 가운데에 초전도 물질이 많으며 현재 28개의 초전도 원소가 발견되었다. 단일 원소 초전도체의 경우 초전도 실용화가 많은 어려움을 지니고 있어 합금계 초전도체를 이용하는 실용화 가능성이 연구되고 있다. 그러나 이것보다 우수한 초전도 재료로 주목받고 있는 것이 화합물 초전도 재료이다(표 8-1).

초전도체는 전기 기기 중 발열체와 저항체를 제외하고 모든 부분에서 사용할 수 있으나 극저온에서 초전도 현상이 생기므로 초전도체 응용에는 반드시 냉각 장치가 필요하다. 이런 이유에서 시설 유지비가 많이 들고, 사용상 어려움 때문에 응용에 한계가 있다고 여겨져 왔으나 최근 세라믹계 산화물 초전도체 화합물의 일종인 고온 초전도 재료가 발견되어 각광을 받고 있다(표 8-2).

표 8-1 합금 및 화합물계 초전도 재료와 임계 온도 및 임계 자계

재료	결정형태	T_c [K]	H_{c2}(4.2[K])[T]
Nb-Ti	bcc 합금	9.5	11.5
Nb-Zr	bcc 합금	10.8	10.5
Nb_3Sn	A15형 화합물	18.0	21.5
Nb_3Ga	A15형 화합물	20.3	33
Nb_3(Al, Ge)	A15형 화합물	20.7	41
Nb_3Ge	A15형 화합물	23.0	37
V_3Ga	A15형 화합물	15.2	22
V_3Si	A15형 화합물	17.0	21
NbN	B1형 화합물	15.7	13
NbN 박막	B1형 화합물	16.5	28
V_2(HI, Zr)	C15형 화합물	10.1	23
$PbMo_6S_8$	세브런 화합물	14.3	50

표 8-2 고온 초전도 재료

물질	T_c [K]	표기	발견자
$(La_2\text{-}xSr_x)CuO_4$	38	214	J. G. Bendnortz(1986)
$YBa_2Sr_2Cu_3O_7$	92	Y-123(YBCO)	M. K. Wu et al.(1987)
$Bi_2Sr_2CaCu_2O_8$	85	Bi-2212	H. Maeda et al.(1988)
$Bi_2Sr_2CaCaCu_3O_{10}$	110	Bi-2223	
$Tl_2Ba_2CaCu_2O_8$	108	Tl-2212	S. N. Putilin et al.
$Tl_2Ba_2CaCu_3O_{10}$	125	Tl-2223	
Hg-Ba-Ca-Cu-O	133	Hg-1212, Hg-1223	A. Schilling et al

2. 압전 재료

압전 현상은 특정한 결정 구조를 한 것에서 볼 수 있는 현상으로 압전 재료에 기계력을 가하면 유전 분극(압전 효과)이 발생하고, 전계에 두면 비틀림 현상이 나타나는 현상이다.

대표적인 물질로는 수정이 있고, 이 외에도 자기 로셀염, 티탄산바륨 등의 결정들과 $Pb(Ti\text{-}Zr)O_3$계 및 $BaTiO_3$계의 자기 등이 있으며, 이들은 압전 효과에 의한 전기 비틀림 현상을 나타내는 것과 자발 분극을 이용하여 동등한 작용을 시키는 2차적인 압전 효과를 갖는 것(강유전체)으로 나눌 수 있다. 표 8-3은 대표적인 압전 재료의 종류를 나타낸 것이다.

압전 자기 재료는 $BaTiO_3$가 발견된 이래 급속히 발전하여 $Pb(Ti\text{-}Zr)O_3$ 자기의 개발에 의해서 성능이 개선되었으며, 응용 분야가 광범위하게 되었다.

$BaTiO_3$에 전계를 가하면 전계 방향으로 늘고 이것과 직각 방향으로 수축한다. 그러므로 직류 바이어스 전압을 교류 전압에 중첩하여 가하거나, 어느 시간 동안 고전계를 유지하다가 제거한 후 잔류 분극이 존재하는 상태에서 교류 전압을 가하면 인가 전압의 주파수로 진동시킬 수 있다. 압전 자기는 전기 기계적 변환 효율이 커서 압전형 트랜듀서 픽업, 마이크로폰, 메카니컬 필터 등에 이용되며, 초음파 진동자로서 강력한 초음파를 발생하여 의료 분야에서 초음파 진단 장치와 수중 통신, 바다 깊이를 측정하는데 이용된다. 기타의 압전 재료로서 로셀염, KDP 등이 있으나, 로셀염은 수용성이기 때문에 실용상 어려움이 있다.

표 8-3 주요 압전 결정 재료

결정명	화학식	육성법
수정	SiO_2	수열법
로셀염	$KNaC_4H_4O_6 \cdot 4H_2O$	용액법
EDF	$C_2H_2(NH_2)_2C_4H_4O_6$	용액법
인산알루미늄	$AlPO_4$	수열법
LH	$Li_2SO_4 \cdot H_2O$	용액법
티탄산바륨	$BaTiO_3$	용융법
티탄산납	$PbTiO_3$	용융법
니오브산리튬	$LiNbO_3$	용융법
탄탈산리튬	$LiTaO_3$	용융법
지르콘티탄산납	$Pb(Ti\text{-}Zr)O_3$	용융법
황화카드뮴	CdS	기상법, 용융법
황화아연	ZnS	기상법, 용융법
산화아연	ZnO	기상법, 용융법, 수열법
아질산나트륨	$NaNO_2$	용액법, 용융법
질산칼륨	KNO_3	용액법, 용융법

3. 전자 방출 재료

전자 방출 재료에는 열전자 방출, 2차 전자 방출, 전계 방출, 광전자 방출 등의 종류가 있으나 의료 분야에서 진단 또는 치료 장치에는 열전자 방출 재료를 주로 응용하여 사용하고 있다. 그래서 여기서는 열전자 방출 재료에 대해서만 살펴보도록 하겠다.

열전자 방출 재료는 일함수의 크기가 가장 중요하며, 고온에서도 잘 견뎌야 하고, 특히 양이온의 충격에 내성이 있어야 하고, 가공이 쉬워야 하는 조건을 갖추어야 하는데 고전압을 사용하는 진공관에서 양이온의 충격에 의해 음극 붕괴가 현저하므로 사용할 수 있는 재료의 종류가 극히 제한되어 있다. X선관이나 대형 송신용 진공관에서는 순수한 텅스텐을 많이 이용한다. 표 8-4는 열전자 방출 재료의 일함수와 동작 온도를 나타냈다.

순수한 금속재료로서는 W, Nb, Ta 등이 있으나 보편적으로 텅스텐을 사용하는데, 텅스텐은 분말을 압축 성형한 후 수소 중에서 고온으로 소결해서 만들며 일함수의 값이 크고 동작 온도가 높다는 특징을 가지고 있다.

산화물 음극 재료에는 니켈, 니켈 합금 또는 텅스텐의 표면에 Ba, Sr, Ca 등의 혼합물체를 도포하거나 증착한 다음 진공 중에서 열분해하고 다시 활성화를 위한 열처리를 시행하여 사용한다. 활성화가 잘된 산화물 음극으로부터 비교적 낮은 온도에서 많은 양의 전자 방출을 얻을 수 있다. 이 재료는 수신용 및 소형 송신용 진공관에 사용된다.

단원자층 음극 재료로서 가장 많이 사용되는 것은 Th-W이다. 이것은 텅스턴에 산화 토륨(ThO_2)을 1~2% 정도 가하여 열처리를 하므로서 토륨의 단원자층이 음극의 표면을 감싸게 되어, 2,000[K]에서 연속 사용에도 견딜 수 있으며 방출되는 전자의 양도 순수한 텅스텐의 1,000배에 이르게 된다. 음극의 온도를 너무 높게 사용하면 토륨이 증발하여 특성이 저하되므로 1,800~2,000[K]에서 사용한다. 여기서 음극 표면을 미리 탄화하여 탄화 텅스텐(W_2C)을 만들면 토륨은 강하게 흡착

표 8-4 열전자 방출 재료의 일함수와 동작온도

재료	일함수	동작온도[℃]
W	4.52	2400~2600
Nb	4.01	2050~2200
Ta	4.19	2200~2300
Th-W	2.63	1600~1900
BaO	0.99	
SrO	1.27	
$BaSrO_2$	1.00	1000~1200
L-음극	1.6~2.0	1500~1600
ThO_2	3.2~1.9	1600~1900
LaB_6	2.66	1700~1900
CeB_6	2.59	
CaB_6	2.86	
SrB_6	2.67	
ZrC	2.18	

되어 양이온의 충격에 대한 세기도 크게 되고 수명도 연장된다. 이 재료는 X선 및 전자선을 발생시키는 선형 가속기(Linac)의 전자총, 중형 송신용 진공관에 이용된다.

4. 레이저 재료

레이저(Light Amplification by Stimulated Emission of Radiation : LASER)는 복사선의 유도 방출에 의한 빛의 증폭 현상이며, 레이저로부터 발생되는 빛은 연속적인 빔에서부터 매우 짧은 강한 빛까지 광범위하며, 이는 강한 방향성의 단색 간섭성 빛이다. 레이저는 광전자, 광통신 분야 뿐만 아니라 의료 분야에서는 망막 수술이나 외과 수술 등 수술용 레이저와 통증 치료 레이저에 많이 사용되어 진다. 레이저 재료는 고체 레이저, 기체 레이저, 반도체 레이저로 구분할 수 있다. 고체 레이저는 레이저 광매질로 고체 상태의 물질을 사용하며, 높은 펄스 출력을 요하는 분야나 홀로그래피 등에서 이용하는 루비 레이저, 물체의 절단이나 글씨 새김, 의료 분야에서 환부의 절개, 내시경을 이용한 수술, 미사일 유도에 주로 이용되는 네오디뮴-야그(Nd-YAG, YAG : 이트륨-알루미늄-가넷의 합성 보석) 레이저와 핵융합용 레이저에 이용되는 네오디뮴-글래스(Nd-glass)가 있다.

기체 레이저는 이득 매질로 기체 상태의 물질을 사용하며, 효율을 높이기 위하여 두 가지 이상의 기체를 혼합하여 사용하는 경우가 많다. 종류로는 홀로그램 제작, 레이저 프린터, 측정 표준기 등으로 이용되는 헬륨-네온(He-Ne) 레이저, 재료의 절단, 용접, 열처리, 수술용 레이저 메스에 이용할 수 있는 탄산가스 레이저, 다른 레이저의 광 펌핑용으로 사용되는 질소레이저, 피부 치료나 홀로그래피에 이용되는 아르곤 레이저 등이 있다.

반도체 레이저는 다른 종류의 레이저에 비해 효율이 높고 간편하게 고속으로 변조할 수 있고, 초소형이기 때문에 매우 편리하다는 장점을 가지고 있다. 또한 발생파장도 다양하게 선택할 수 있고, 수명도 길기 때문에 앞으로 큰 에너지를 필요로 하지 않는 분야에서 널리 사용될 것으로 예측된다. 재료로는 GaAs, InAs, InP, InSb 등이 있으며, 통신용 반도체 레이저, 광정보처리용 레이저로 많이 사용되어진다. 의료 분야에서는 CR(Computed Radiography)에서 IP(Image Plate)에 형성된 영상을 얻기 위한 여기 펄스파로 반도체 레이저를 사용한다.

5. 광 섬유 재료

광섬유(optical fiber)는 유리 또는 플라스틱에서 만들어지는 가는 섬유이며, 이 섬유를 중심으로 빛을 통과시키는 것이다. 광섬유는 코어(core)와 클래드(clad)와 그 바깥 쪽의 보호층으로 이루어지고 공중 통신 시스템, 전력·교통분야의 관제 시스템, 건물 내의 각종 정보 전송 시스템, 의료분야에서 전자 내시경 등에 이용되고 있다. 광섬유는 재료 면에서 종래의 구리선을 이용한 전송로와 비교하여 다음과 같은 특징을 갖고 있다.

① 지름이 가늘고 무게가 가볍고 구부리기가 쉬우므로 시설하기 간편하다.
② 전송 손실이 낮다.
③ 전기적으로 절연물이므로 단선이 되어도 스파이크나 열이 발생하지 않는다.
④ 광대역성이므로 왜곡이 없는 고속 신호의 전송에 용이하다.
⑤ 정보 전송의 반송자가 빛이기 때문에 전기와 상호 작용이 없는 무유도성이다.

광섬유 재료를 분류하면 유리 섬유와 플라스틱 섬유로 나눌 수 있다. 유리 섬유에는 산화 규소를 주성분으로 한 석영계 광섬유와 소다석회 유리, 알칼리와 규산 유리가 있으며, 석영 유리는 순도를 높여 저 손실로 신뢰성이 높은 광섬유를 만들 수 있고, 다성분계 유리는 제조는 쉽지만 전송 손실이 약간 나쁘다. 플라스틱 광섬유는 폴리메틸메탈클래드계를 이용하고 있으며, 가벼워서 가공이 용이하고 가격이 저렴하며 대량 생산을 할 수 있는 장점이 있으나 전송 손실이 큰 결점을 가지고 있다.

6. 액정 재료

액정(liquid crystal)은 고체 결정에서 보여지는 것처럼 규칙성을 가진 상태와 일반적인 액체 상태와 같은 불규칙한 중간 상태를 나타내는 물질이며, 이와 같은 상태를 중간상(mesophase)라고 한다.

액정의 재료에 쓰이는 물질은 대부분 유기 물질이며 분자 구조가 가늘고 긴 모양이 특징이다. 액정의 종류는 분자 배열의 상태에 따라 3종류로 분류된다. 분자 중심의 배열이 규칙성이 없지만 분자의 장축이 한 방향으로 배열하고 있는 네마틱 액정, 분자의 장축이 나란하고 분자의 중심 배치가 층상 구조로 되어 있는 스멕틱 액정, 분자의 방향은 한 방향으로 나란하지만 분자측이 한쪽 방향으로 비틀려 있는 콜레스테닉 액정이 그것이다. 이들 중 현재 많이 사용되고 있는 것은 주로 네마틱 액정으로 각종 표시용에 이용되고 있다.

액정은 응답이 느리고, 광학 특성이 온도에 민감하고, 수광형 표시이기 때문에 휘도가 낮고 콘트라스트 비가 나쁘기는 하나 저전압, 저소비 전력에서도 동작시키는 뛰어난 성질을 가지고 있어서 현재 여러 분야의 표시 디바이스로 응용되어 시계, 전자 계산기, TV, 각종 디지털 계기 등에 사용되고 있다. 또한 의료 분야에서는 장치로부터 얻어진 디지털 영상을 보여주는 화상 표시 장치로 이용되며, PACS 발전과 더불어 사용 정도가 증가할 것이다. 앞으로도 액정 재료는 회로 소자의 비약적인 진보에 따라 여러 분야에서 많이 응용될 것으로 기대된다.

7. 센서 재료

센서는 온도, 압력 등의 물리량과 성분, 농도와 같은 화학량, 전기량 등의 어떤 양을 측정하는 것으로 종류로는 광센서, 온도센서, 변위센서, 압력센서 등이 있다.

1) 광센서

광센서는 빛 에너지를 받아 전기 신호로 변환하는 것을 말하며, 광전 변환의 원리에 따라 광전자 방출 효과형, 광전도 효과형 및 광기전력 효과형 3종류로 분류할 수 있다. 의료분야에서는 방사선 등을 검출할 때 측정기로 이용한다.

광전자 방출 효과형 광센서에는 광전자관과 증폭관이 있는데, 광전면 음극에 빛을 쬐어 광전자를 방출하고 양극에서 이를 흡수하여 광전류로 끌어내는 원리를 이용한 것이다.

광전도 효과형 광센서는 빛을 쪼이면 자유 전자와 정공이 증가하고 빛 에너지에 비례한 전류 증가가 나타나는 원리를 이용한 것으로, CdS, SeS, PbS 등을 재료로 이용한다.

광기전력 효과형 광센서에는 광 다이오드, 광 트랜지스터, 광 사이리스터, 태양전지 등이 있는데, 가장 많이 쓰여지는 것은 실리콘 광 다이오드이며 실리콘 재료에 p-n 접합을 만들고 빛을 쪼이는 구조로서 인가 전압이 필요 없는 센서이다.

2) 온도 센서

온도 센서는 온도라는 물리량을 전기 신호로 변환하는 것으로서 종류로는 전기 온도 센서, 열전기력 온도 센서(열전 쌍), 페라이트 센서, 반도체 센서가 있다. 전기 온도 센서는 반도체의 저항이 온도에 따라 변화하는 성질을 이용한 서미스터(thermistor)가 있다. 여기에는 Mn, Co, Ni, Fe 등의 천이 금속 산화물을 혼합하여 소결하여 만든 NTC(Negative temperature coefficient thermistor), 티탄산 바륨($BaTiO_3$)을 이용한 PTC, V, Ba, P 등의 복합 산화물을 반유리 모양으로 소결, 급냉한 CTR(Critical temperature resistor)이 있다. CTR은 상온 가열 장치, 이상 온도 감지 장치, 상온 검출용의 센서로 사용되어 진다.

열전쌍 센서는 두 종류의 서로 다른 금속 사이의 접속점을 가열하여 발생하는 열기전력을 이용하는 것으로 재료로는 백금-로듐, 구리-콘스탄탄 등을 사용한다.

페라이트 센서는 철과 천이 금속 산화물의 소결체이며 상온의 온도 센서로 각종 기구의 온도 제어, 과열 보호용 등에 이용되고 있다. 반도체 센서는 감온 IC로서 사용된다.

3) 변위 센서

변위 센서는 여러 종류의 기계와 구조물이 외력의 작용을 받으면 모양과 부피의 변화가 일어나는 변위가 발생하는데 이런 변위를 측정하는 것이다. 측정 방법에는 전기적인 방법과 기계적인 방법이 있는데 현재 가장 많이 이용하고 있는 것은 전기적인 방법에 의한 변위 게이지이다. 변위 게이지는 금속선을 인장하면 팽창과 동시에 가늘어지며 저항이 증가하는 원리를 이용한 것으로 금속 저항체 변위 게이지와 반도체 변위 게이지가 있다. 변위게이지의 저항체 재료로는 구리-니켈 합금이 많이 이용되고 있다. 반도체를 이용하는 반도체 변위 게이지는 감도가 높고 소형이기 때문에 센서로서 많은 분야에 이용되고 있다.

4) 압력 센서

압력 센서는 압력을 어떤 신호로 변환하여 측정하는 것으로 우리들이 주위에서 흔히 볼 수 있는 것으로는 프로판 가스 봄브, 정기 정화 패키지 등이 있다. 압력 센서의 종류에는 기계식 지시계와 전자식 변위 평형형 센서가 있는데 최근 미소 변위를 직접 전기 신호로 변환하는 전자식 센서를 많이 사용하고 있다. 전자식 압력 센서의 대표적인 것으로 정전 용량식 압력 센서가 있다. 이것의 원리는 압력을 감압 소자가 받아서 이것과 연결 축에 의해 결합된 가동 전극을 미소 변위시켜 고정 전극과의 사이에 정전용량을 변화시키는 것이다. 이 압력 센서는 구조가 간단하고 정밀도가 좋은 특징을 가지고 있다.

제 9 장

전자관

Electron tube

제 9 장

전자관

학습목표	중심단어
1 진공관의 구조와 기호를 설명할 수 있다. (B)	2극진공관, 3극진공관
2 방전관 및 광전관의 종류를 설명할 수 있다. (B)	방전관, 광전관

1. 진공관

1) 2극 진공관

10^{-5}[mmHg] 이하로 배기한 유리관 또는 금속관 내에 **양극**(plate)과 **음극**(cathode)의 2 전극을 넣어 봉입한 것을 2극 진공관 또는 2극관이라 한다. 즉, 2극관은 열전자를 방출하는 음극과 그것을 둘러싸고 있는 양극(anode 또는 plate)의 두 가지 전극으로 구성되며, 이러한 진공관은 양극이 (+) 전위일 때 전자를 끌어 전류가 흐르지만 양극이 (-) 전위일 때에는 전자를 물리쳐 전류가 흐르지 못하므로 일종의 정류기라고 볼 수 있다. 그림 9-1은 2극 진공관의 구조 및 기호를 표시한 것이다.

(1) 2극관의 구조

① 음극(cathode) : 음극은 열전자를 방출시키는 전극으로서 이 음극에는 가열법에 따라서 직열형(direct heated)과 방열형(indirect heated)이 있다.

㉠ 직열형 음극(direct heated cathode) ; 직열형은 음극에 직접 전류를 통하여 가열하는 것으로 전류와 필라멘트(filament)의 저항에 의한 발열 작용을 이용한 것이다. 이 직열형 음극을 필라멘트라고도 한다. 이것은 텅스텐, 토륨, 텅스텐 또는 산화물 피막을 입힌 니켈 합금선이 사용된다.

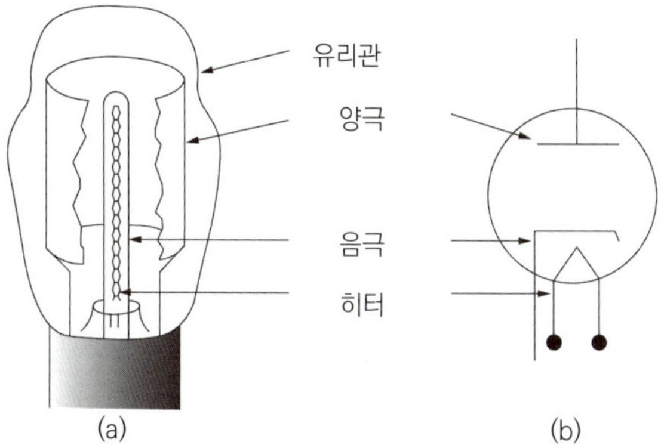

그림 9-1 2극 진공관의 구조 및 기호

㉡ 방열형 음극(indirect heated cathode) ; 방열형은 음극과 전기적으로 절연된 필라멘트에 가열 전류를 흘려서 간접적으로 가열하는 것으로서 이때 필라멘트는 음극의 역할을 하는 것이 아니므로 히터(heater)라고 부른다. 즉, 슬리이브 속에 가열용 히터를 넣고 간접적으로 가열 전류를 흘리는 것으로 니켈 원통의 표면에 산화 바륨 또는 산화 스트론튬과 같은 알칼리 토류(earth) 금속의 산화물을 도포하여 적당한 방법으로 열처리한 것으로 낮은 온도에서 전자 방출을 잘하며, 소형의 수신관에 많이 사용된다.

㉢ 방열형 음극이 직열형 음극보다 좋은 점

ⓐ 가열 히터와 음극이 따로 있으므로 전자 방출 유효 면적을 크게 할 수 있다. 열음극 수은 정류관에 사용되는 것은 20[A] 정도의 대형의 것도 있다.

ⓑ 히터 전류가 변화되어도 음극은 평균온도를 유지하며 필라멘트를 교류로 점화하여도 열전자 방출량은 거의 일정하다.

ⓒ 필라멘트가 교류로 점화되어도 음극 전체가 등전위(equipotential)이므로 험(hum ; 교류음)은 거의 발생하지 않는다.

ⓓ 굵은 관을 사용하기 때문에 구조가 견고하고 기계적인 진동에 강하므로 항공기 기타 선박 등의 이동용에 적합하다.

ⓔ 부하측(출력측)에 단락이 생겨도 필라멘트가 단락(단선)이 되지 않는다.

ⓕ 직열형에 비해서 비교적 공정(工程)이 복잡하다.

② 양극(plate) : 음극보다 높은 전위를 가하여 음극으로부터 방사된 열전자를 흡수하여 외부 회로에 전류를 흐르게 하는 전극이다. 이 양극은 고속도 전자의 충돌에 의한 열로 고온도가 되므로 재료도 고온에 견딜 수 있는 것을 사용한다.

㉠ 양극의 역할 ; 양극은 진공관 속에 한 장의 금속판을 넣어서 전지의 (+)를 이 금속판에 접속하고 (-)를 음극에 접속하면 이 회로에 전류가 흐르는데 이 전지를 B전원이라고 한다. 전류가 흐르는 이유는 음극에서 튀어나온 전자가 금속판의 (+) 전위에 끌려 가기 때문이다. 진공관은 열전자의 흐름을 이용한 것으로 반드시 이 전자를 끌어당기는 금속판이 필요하며 이 금속판에 (+) 전압을 가하여 사용한다.

㉡ 양극 재료 ; 음극에서 방출된 많은 전자가 양극에 고속도로 부딪쳐 양극의 온도가 높아지면 전자의 운동 에너지가 양극 도체 내의 원자와 전자에 가해져 그 운동이 활발하게 된다. 따라서 양극 재료로서 구비해야 할 필요조건은

ⓐ 높은 온도에서도 잘 견디며 변형하지 않을 것

ⓑ 온도가 높아지더라도 양극 재료에 흡수되어 있는 가스(gas)의 배출이 적을 것

ⓒ 용융 온도(melting temperature)가 높을 것

ⓓ 전기적, 열적으로 양도체 일 것

ⓔ 잔류 가스(흡장 가스)가 적고 또 배기시 흡장 가스의 방출이 쉬울 것

ⓕ 녹이 슬지 않을 것

ⓖ 2차 전자의 방출이 적을 것

ⓗ 가공하기 쉬울 것 등이다.

이와 같은 조건에 비교적 적합한 재료로서 니켈, 몰리브덴, 구리, 흑연 등이 사용되는데 니켈은 소형 전자관에, 몰리브덴은 출력이 수 와트[W]~수 킬로와트[kW]인 송신용 전자관에 구리는 수냉식 전자관, 흑연은 수은에 부식되지 않으므로 수은증기 정류관에 사용된다. 즉, 현재 소형에는 니켈, 중형에는 몰리브덴이나 흑연, 대형에는 구리를 사용하고 있지만 큰 전력을 취급하는 대형 송신관에서는 수냉방식이나 강제공냉방식을 사용한다. 소형 진공관의 양극 재료로 사용되는 니켈(Ni)은 최대 양극 허용손실내량(許容損失耐量)이 3[W/cm^2]이고 상온이라면 공기 중에서도 화학적으로 안정하고 가공이 용이해서 기계적으로도 강하며 비교적 가격이 싸다.

③ 게터(getter) : 음극에서 방출된 전자가 양극에 도달하기까지 여러 작용을 받는데 그 때 전자의 동작을 자유로이 제어하려면 전자관 내에 다른 분자가 없도록 공기를 배기하여 진공도를 충분히 높여야 한다.

확산 펌프를 이용하여 관내 공기를 배기할 때 10^{-6}[mmHg]까지는 배기가 가능하나 수신용 진공관에서 필요한 10^{-7}[mmHg]까지는 이것으로 불가능하다.

따라서 진공관을 제작할 때 관 내에 마그네슘(Mg) 또는 바륨(Ba)을 넣고 배기한 후 고주파 가열기로 외부에서 가열 증발시키면 이들 물질이 산화하면서 관내의 잔류 가스를 흡수하여 유리관 벽에 부착시킨다. 이것을 게터라 하며 이와 같이 진공도

10^{-7}[mmHg]까지 얻기 위하여 처리하는 것이 게터 처리이다. 유리관 벽의 일부에 흑색이나 은색으로 된 것은 증발한 게터가 유리관 벽에 부착된 것으로 바륨 사용시 흑색, 마그네슘 사용시 은색으로 된다.

(2) 2극관의 동작

그림 9-2와 같이 음극을 가열하여 온도가 상승하면 음극 금속 내의 전자 운동이 활발해져 양극에 정전압(constant voltage) E_P를 가하면 음극의 방출 전자가 양극에 흡수되어 전자 방향과 반대인 양극 전류 I_P가 흐른다. 그러나 양극에 부전압을 가하면 양극전류는 흐르지 않는다.

즉, 2극관에서는 양극이 음극에 대하여 정전위일 때 전류가 흐르고 반대의 경우는 흐르지 않는다. 즉, **정류(rectification)작용**이 있다.

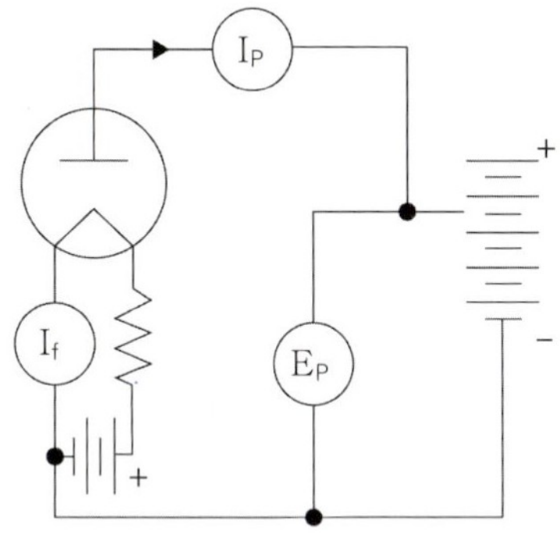

그림 9-2 2극 진공관의 원리

(3) 2극관의 특성

양극전압과 양극전류 사이에는 그림 9-3과 같은 관계가 있다. 즉, 음극의 가열 온도를 일정하게 해 놓고 양극전압을 0[V]에서 점점 증가시키면서 그 때 흐르는 전류관계를 나타낸 것이 2극관의 E_P - I_P 특성곡선이다.

즉, 양극전압을 변화시키면서 양극전류 I_P의 변화를 측정한 것이다. 이 그림에서 곡선 OP_1T_1의 OP_1부분은 I_P가 E_P의 증가에 따라 계속 증가하는 부분으로 이것을 공간전하 제한영역(space charge limited region)이라 부른다. 또한 P_1T_1부분은 I_P가 E_P에 관계없이 일정하게 유지되는 부분으로 이것을 온도제한영역(temperature limited region)이라 한다.

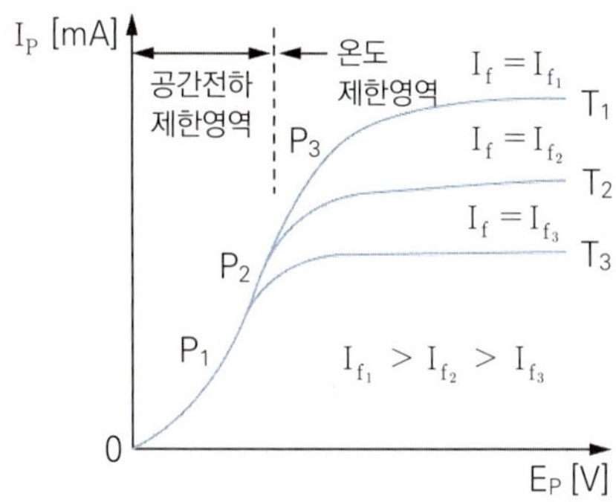

그림 9-3 2극 진공관 양극 특성곡선

공간전하 제한영역에서는 양극전압이 낮으므로 음극으로 방출된 전자는 음극에 가까운 곳에 밀집하게 되어 소위 공간전하를 형성한다.

① 3/2승 법칙 : 공간전하 제한영역에서의 전자류에 의한 양극전류는 음극의 전자방출 능력과 관계없이 양극전압에 따라 변화한다. 이때 양극전류 I_P와 양극 전압 E_P사이에는 **3/2승 법칙**(Langmuir-Child 법칙)이 성립한다.

$$I_P = kE_P^{\frac{3}{2}} \text{ [A]} \tag{9-1}$$

여기서 k는 비례상수이며 퍼비언스(perveance)라고 부른다.

② Richardson-Kushmann의 관계식 : 온도제한영역에서는 양극전압이 높으므로 전자가 음극으로부터 방출되는 즉시 양극에 끌리게 된다. 따라서 I_P는 E_P에 관계없이 음극으로부터의 전자방출량에 따라 결정된다. 음극으로부터의 전자방출량은 음극 온도 T[K]에 의하여 결정되며 I_P와 T 사이에는

$$I_P = SAT^2 e^{-b_0/T} \text{ [A]} \tag{9-2}$$

여기서 S는 음극의 표면적[m^2], A와 b_0는 상수, T는 절대온도이다.

양극전압이 상승하여도 양극전류가 증가하지 않는 영역을 **포화영역**이라 하며 이때의 전류를 포화전류라 한다.

2) 3극 진공관

(1) 3극관의 구조

2극관의 음극과 양극 사이에 창살 모양으로 생긴 또 하나의 전극을 넣어서 이것에 적당한 전위를 주면 음극에서 양극으로 가는 전자류를 제어할 수 있다. 이와 같은 진공관을 3극관이라 부르며 새로 넣은 전극을 **제어 그리드**(control grid) 또는 그대로 **그리드**라고 부른다. 3극관은 음극에 대한 그리드 전압을 변화시켜서 양극으로 향하는 전자류의 밀도를 제어하여 전류를 변화시켜 증폭, 발진, 변조, 검파(detection) 등의 작용을 행한다. 그림 9-4는 3극 진공관의 구조 및 기호를 나타낸 것이다.

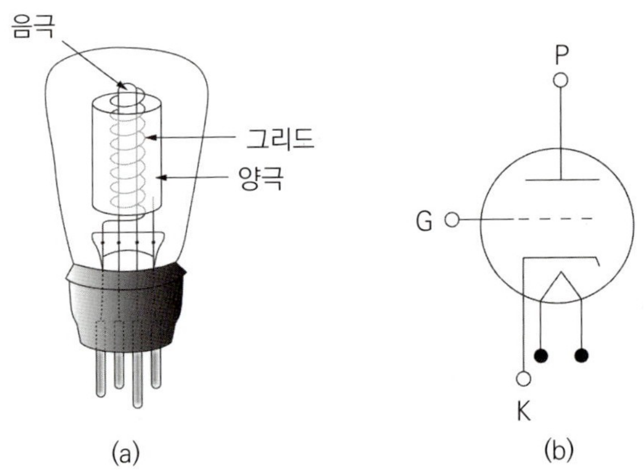

그림 9-4 3극 진공관의 구조 및 기호

(2) 그리드의 작용과 재료

그리드는 보통 음극에 대하여 부전위(negative dislocation)로 하여 사용하므로 전자를 끌지 않으며, 다만 그 부전위의 크기에 따라 음극 부근의 전계에 영향을 주어 그리드선 사이를 지나 양극으로 가는 전자의 수를 제어한다. 그리드 재료로서 구비해야 할 조건은 양극 재료의 구비 조건과 거의 같으나 구조가 복잡하므로 기능상의 관계로 다음 조건이 추가된다.

① 기계적 강도가 커도 형태가 변하지 않고 가공이 용이할 것

② 열전자 및 2차 전자의 방출이 적을 것

소형 전자관의 재료로는 거의가 니켈선, 중형 전자관에서는 주로 몰리브덴선, 대형 전자관에서는 텅스텐선이 사용된다.

그리드의 구조는 전자관의 음극 및 양극의 모양에 따라 대체로 원통형이나 평행판형으로 만드는데 전자의 방출을 제어하기 알맞게 그리드선을 나선형이나 그물 모양으로 치는 것이다.

(3) 3극관의 특성

그림 9-5에서 양극전류 I_P는 양극전압 E_P 및 그리드 전압 E_g의 함수이므로 $I_P = f(E_g,\ E_P)$가 된다.

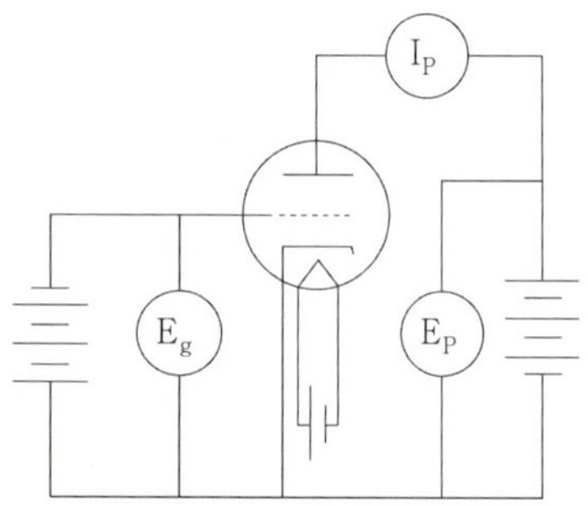

그림 9-5 3극 진공관 증폭회로

그리드 전압 E_g가 I_P를 제어하는 능력이 양극전압 E_P가 I_P를 제어하는 능력의 μ 배라 하면 2극관의 3/2승 법칙이 성립된다.

$$I_P = K(\mu E_g + E_P)^{3/2} \tag{9-3}$$

지금 그리드와 양극의 변화 전압을 각각 ΔE_g, ΔE_P, 양극전류의 변화를 ΔI_P 라 하면

$$\Delta I_P = g_m \Delta E_P + \frac{\Delta E_P}{r_P} \tag{9-4}$$

여기서, $r_P = \left|\frac{\Delta E_P}{\Delta I_P}\right| E_g$=일정, $g_m = \left|\frac{\Delta I_P}{\Delta E_g}\right| E_P$=일정, $\mu = \left|\frac{\Delta E_P}{\Delta E_g}\right| I_P$=일정이다.

$$\therefore\ g_m r_P = \mu \tag{9-5}$$

이때 g_m, r_P, μ를 3극 진공관의 3정수라 한다.

① **증폭정수**(amplification constant; μ) : E_g의 변화에 따라서 I_P가 변화하지만 이 변화를 없도록 하기 위해서 E_P를 얼마만큼 변화시키면 되느냐 하는데서 증폭정수가 구해진다. I_P가 일정할 때 E_g와 E_P의 관계는 그림 9-6과 같고 이를 정전류 특성이라 한다. 즉, 양극전류 I_P의 여러 가지 값에 대하여 E_P와 E_g의 변화를 그래프로 나타낸 것인데, 이때 E_g의 미소변화 ΔE_g와 E_P의 미소변화 ΔE_P의 비를 μ로 표시하여 증폭정수라고 한다.

$$\mu = \left|\frac{\Delta E_P}{\Delta E_g}\right| I_P = \text{일정} \tag{9-6}$$

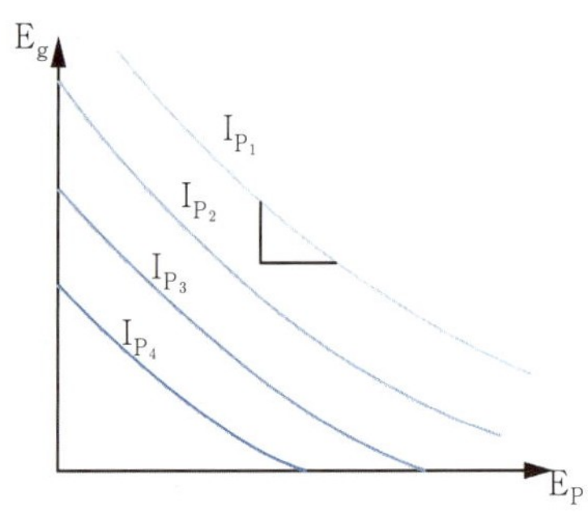

그림 9-6 E_g-E_P 특성곡선

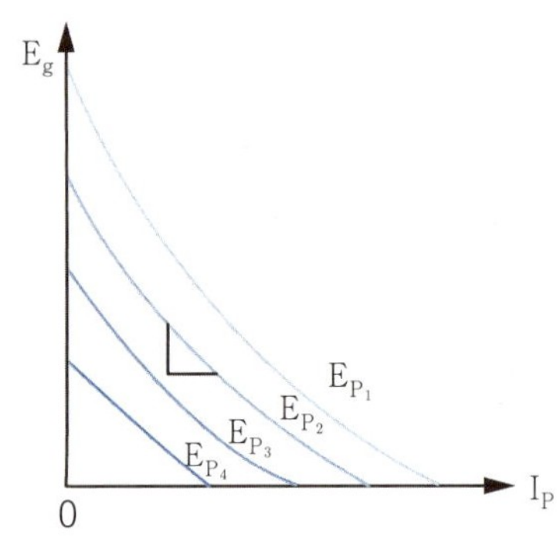

그림 9-7 3극관의 전환특성

② **상호 콘덕턴스**(g_m) : 일정한 양극전압에 있어서 E_g를 변화시키면 I_P가 얼마나 변화하는가를 전혀 서로 다른 두 전극의 전압, 전류치로써 표시한다. 양극전압 E_P의 여러가지 값에 대하여 E_g와 I_P의 변화를 그래프로 표시하면 그림 9-7과 같으며 E_g- I_P 특성곡선 또는 전환 특성이라고 한다.

이때 E_g의 미소변화 ΔE_g 와 I_P의 미소변화 ΔI_P 의 비를 g_m으로 나타내어 상호 콘덕턴스라고 한다.

$$g_m = \left|\frac{\Delta I_P}{\Delta E_g}\right| E_P = \text{일정} \tag{9-7}$$

③ **내부저항**(r_p) : 일정한 그리드 전압에 있어서 양극전압의 변화에서 생기는 양극전류의 변화의 비를 말한다. 그리드 전압 E_g의 여러 값에 대하여 I_P와 E_P의 변화를 그래프로 표시하면 그림 9-8과 같이 E_P- I_P 특성곡선을 얻을 수 있는데, 이때 I_P의 미소 변화 ΔI_P 와 E_P의 미소변화 ΔE_P의 비를 r_p로 나타내며 이를 내부저항이라고 한다.

$$r_P = \left| \frac{\Delta E_P}{\Delta I_P} \right| E_g = \text{일정} \tag{9-8}$$

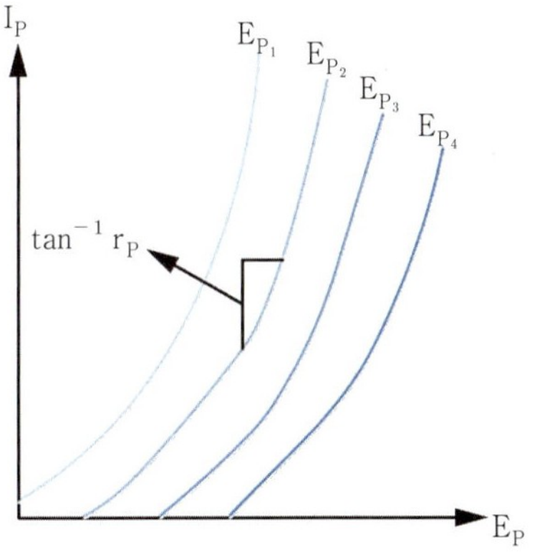

그림 9-8 3극관의 양극특성

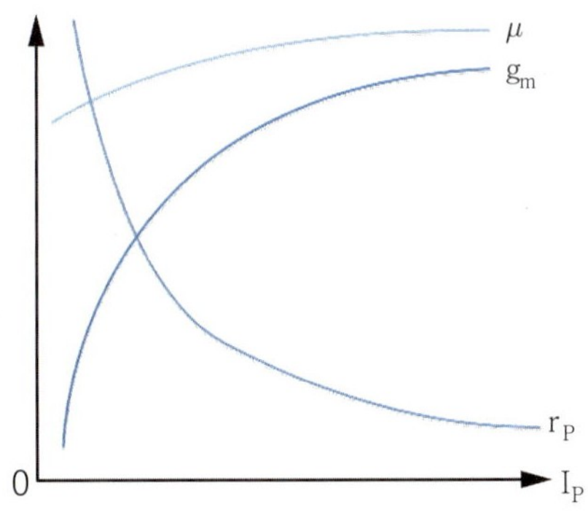

그림 9-9 3정수의 관계

④ **3정수의 관계** : 그림 9-9에서 μ는 전압을 몇 배로 증폭할 수 있는냐 하는 척도이고 양극전류의 증감에 대해서 거의 일정하며 g_m은 E_g- I_P곡선의 하부 만곡부에서는 양극전류가 증가하면 커진다. g_m이 크다는 것은 그리드 전압이 적게 변화해도 양극전류의 변화가 커서 큰 증폭을 행한다는 것을 의미한다. 3정수 간에는 다음과 같은 관계가 있다.

$$\frac{\Delta E_P}{\Delta E_g} = \frac{\Delta E_P}{\Delta I_g} \times \frac{\Delta I_P}{\Delta E_g} \tag{9-9}$$

따라서 3정수 간에는 $\mu = r_P \cdot g_m$의 관계가 있으므로 g_m이 커지면 r_P는 작아진다. 즉, I_P가 작아지면 g_m이 작아지고 r_P는 커진다.

3) 4극 진공관

(1) 4극관의 구조

3극관의 음극, 그리드, 양극 사이에는 정전용량이 그림 9-10과 같이 분포되어 있다. 이 정전용량은 저주파(low frequency)에서는 별로 문제가 안 되지만 고주파에서는 그 영향을 무시할 수 없다.

특히 극간 용량 중 문제가 되는 것은 양극과 제어 그리드(control grid) 사이의 용량 C_{gp}로서 이 용량 때문에 증폭작용에 제한을 받는다.

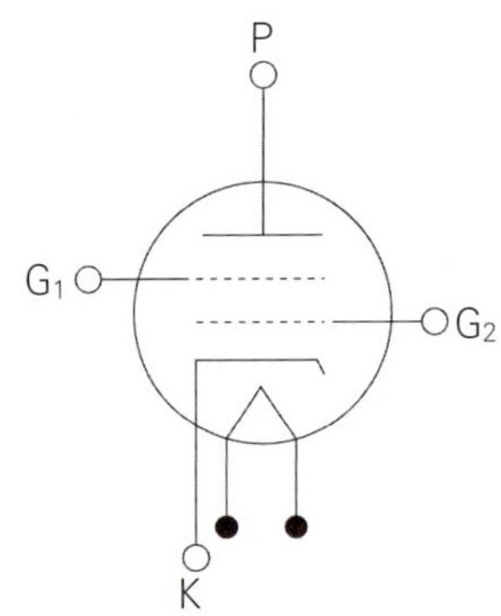

그림 9-10 4극 진공관의 기호

즉, C_{gp}를 통하여 그리드 회로와 양극회로 사이에 교류가 흐르며 주파수가 1[MHz] 정도로 높아지면 이 변위전류(displacement current)에 의하여 회로는 불안정하게 되고 발진을 하게 된다. 4극관은 3극관의 음극과 양극 사이에 제2의 그리드를 삽입하여 3극관의 결점을 보강한 것이다.

(2) 4극관의 특징

① 전극간 용량 C_{gp}가 매우 적으므로 궤환작용이 없어 3극관에 비하여 고주파 증폭에 유리하다.

② 스크린 전압이 플레이트 전압과 같거나 높을 경우에는 2차 전자의 영향으로 부성저항 특성이 나타난다.

③ 증폭률 μ가 3극관에 비하여 수 10배 더 크고 내부저항 r_P도 크다.

④ 플레이트 전압의 사용 범위가 좁으므로 전력 증폭에는 부적합하다.

⑤ 4극관에서는 플레이트 전압을 스크린 그리드 전압보다 훨씬 높게 가해 주어야 한다.

4) 5극 진공관

(1) 5극관의 구조

4극관에 있어서는 스크린 그리드가 양극 가까이 있기 때문에 음극으로부터 튀어나온 전자가 양극에 부딪쳐서 그 곳으로부터 2차 전자가 이 스크린 그리드에 흡수되는 결과 그림 9-11 (b)와 같이 양극특성에 골이 생긴다.

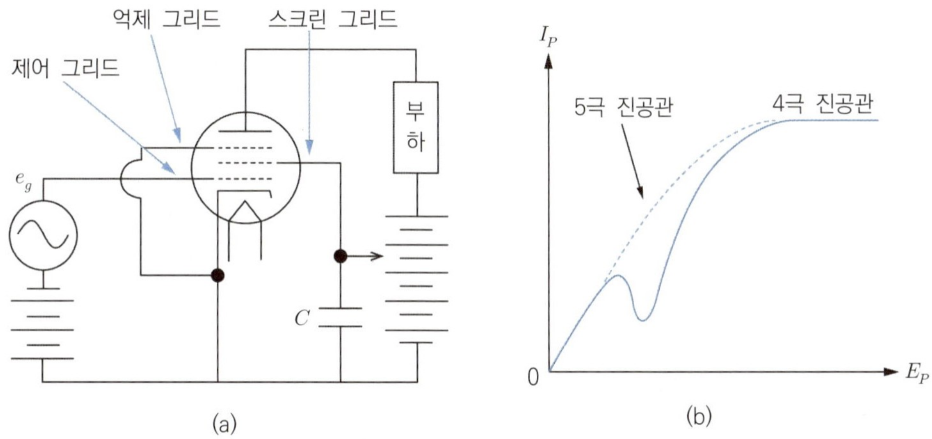

그림 9-11 5극 진공관의 증폭회로 및 양극특성

즉, 4극관은 2차 전자 방출 때문에 다이나트론 특성이 생겨 E_P - I_P 특성의 이용 부분이 좁아진다. 이와 같은 결점을 방지하기 위하여 그림 9-11 (a)와 같이 0전위로 한 또 하나의 그리드를 양극과 스크린 그리드 사이에 넣어서 2차 전자를 되돌려 주도록 한 것을 5극 진공관이라고 한다. 이 새로운 그리드를 **억제 그리드**(suppressor grid)라고 한다. 그림 9-11의 (a)에서 보는 바와 같이 억제 그리드는 음극에 직접 연결시켜 주므로 그 전위(electric potential)는 0으로 되며, 양극으로부터 방출된 2차 전자는 억제 그리드에 의하여 반발되어 양극으로 되돌아간다. 즉, 2차 전자에 대한 억제작용이 있다.

5극관은 라디오, 텔레비젼 수신기의 고주파 증폭이나 중간주파 증폭에 널리 쓰이고 있다. 5극관의 내부저항 r_P와 증폭정수 μ의 값은 대단히 커서 3극관의 경우와 비교하여 수십~수백 배에 달한다.

또한 5극관의 전환 특성은 3극관의 전환 특성과 별로 차이가 없다. 따라서 5극관의 상호 전도도 g_m은 3극관의 g_m과 비슷한 값을 갖는다.

5극관은 극간용량이 적기 때문에 주로 고주파용으로 쓰인다.

(2) 5극관의 특징

① 억제 그리드로서 입출력 간을 스크린 그리드와 함께 2중으로 차폐하여서 C_{gp}가 작아지므로 고주파 증폭이 용이하다.
② 양극과 음극 간의 정전용량 C_{gp}가 작아져서 μ 또는 g_m가 크다.
③ 억제 그리드로서 2차 전자를 억제할 수 있기 때문에 양극전압을 스크린 그리드 전압과 관계없이 낮게 할 수 있으므로 동작범위가 커져서 그만큼 양극 능률이 향상된다.
④ 스크린 그리드 전압을 양극전압과 같은 정도로 높일 수 있으므로 전력 증폭에 적합하다.
⑤ 내부저항이 커서 Q가 높은 동조회로를 연결할 수 있으므로 희망하는 신호주파수만 크게 증폭할 수 있으며 영상 방해가 적다.

표 9-1 진공관의 종류 및 특징

진공관	기 호	전 극	특 성	적 용
2극 진공관 (diode)	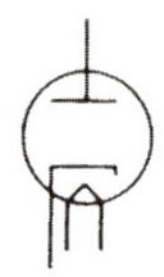	Plate(Anode) Cathode	플레이트가 +일 때 전류가 흐른다.	정류기
3극 진공관 (triode)		Plate(Anode) Control grid Cathode	그리드 제어전압이 풀레이이트 전류 제어	AF 증폭기
4극 진공관 (tetrode)	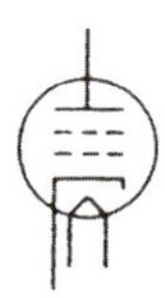	Plate(Anode) Screen grid Control grid Cathode	스크린 그리드가 C_{gp}를 감소시킨다. 스크린은 항상 +DC 전압이다.	플레이트의 2차 방출 때문에 잘 사용하지 않는다.
5극 진공관 (pentode)	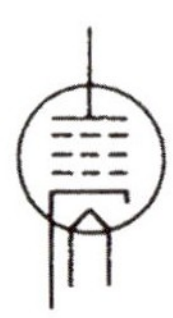	Plate(Anode) Suppressor Screen grid Control grid Cathode	억제 그리드가 2차 방출을 제어 시킨다. 스크린 그리드는 높은 μ와 높은 r_p를 제공한다.	AR 증폭기 RF 증폭기

2. 방전관

1) 열음극 방전관

진공형 정류관의 경우는 양극 전류가 음극 앞면의 공간전하에 의해 제한되며, 대단히 높은 내부저항을 나타내는데 대해 방전관은 양이온이 이 공간전하를 중화하기 위해 10~20[V] 정도의 낮은 전극간 전압에서 대전류를 빼낼 수 있는 이점을 갖고 있다.

(1) 수은 봉입 정류관

관 안에 수은을 봉입한 고전압용 정류관으로, 내역전압 5~20[kV], 양극전류 0.1~10[A]인 것이 상품화되고 있다.

동작중의 수은증기압은 0.001~0.03[mmHg] 정도이다. 음극은 예열시간이 짧은 이점으로 거의가 직렬형이며, 수은정류관은 관벽의 온도에 의해 관내의 수은증기압은 크게 변하기 때문에 사용시의 관벽온도를 적당한 온도범위 내로 유지해야 한다.

(2) 열음극 그리드 제어 방전관

열음극 정류 방전관의 방전로 안에 1개 또는 2개의 그리드를 넣고, 그리드에 의해 양극-음극 사이의 기동을 제어하려는 방전관으로, 일반적으로 사이러트론(thyratron)이라 하는 것이다. 약간의 그리드 입력으로 비교적 큰 전력 제어가 가능하며, 동작확실, 대응속도가 극히 빠르다.

양극에 (+)전압을 부여하고 그리드에 충분한 (-)전압을 가해두면 양극-음극간에 방전은 일어나지 않지만, 그리드 전압을 점차 0에 가까이하면 갑자기 방전이 일어난다. 주위 조건이 일정하면 방전을 개시할 때의 양극전압과 그리드 전압 사이에는 일정한 관계가 있고, 한번 방전이 일어나면 관내의 전압강하는 10[V] 내지 20[V] 정도로 내려가고, 양극전류의 값은 양극전원 전압과 양극 직렬저항에 의해서만 정해지고, 그리드 전압을 (-)의 높은 전압으로 하더라도 양극전류를 감소시키거나 정지시킬 수는 없다. 방전을 정지시키려면 양극전압을 방전 유지 전압보다 낮은 값으로 한다.

양극에 교류전압을 가하면 그리드는 방전을 개시하는 양극전압의 위상(양극전류의 유통각)을 제어하여 양극전류의 평균값을 제어하는 것이 가능하다.

2) 냉음극 방전관

냉상태의 음극에서 전자를 방출하고 방전을 지속하는 형식의 방전관이다. 음극에서의 전자방출은 방전에 의해 발생한 양이온 혹은 광자(빛)가 음극에서 충돌해서 발생하는 2차전자에 의한 것으로, 이 작용을 r 작용이라 한다. 방전개시를 위한 전자는 외부에서의 빛 및 우주선 등에 의해 발생하는 것이므로, 냉음극 방전관은 외부에서 빛을 완전히 차폐하면 방전하기가 어렵게 되는 경향이 있다. 그림 9-12는 냉음극 방전관의 대표적인 전류-전압특성을 표시한 것으로 전류밀도에 따라 3개 형식으로 분류된다.

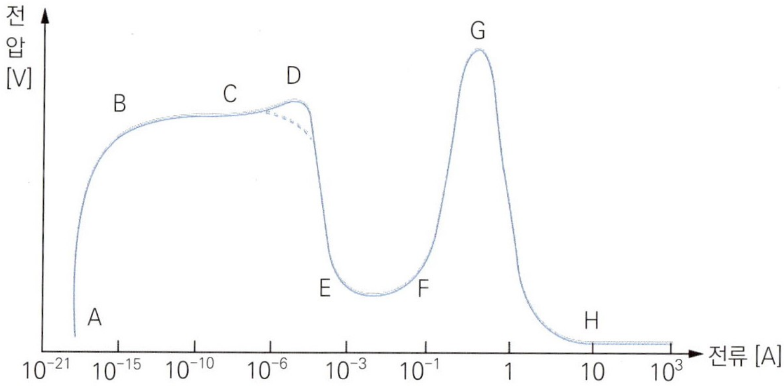

그림 9-12 저기압 냉음극 방전관의 전류-전압 특성

① 타운젠트 방전(BCD역)
　코로나 정전압 방전관, GM계수관 : 양극부근에 극히 미약한 빛이 발생한다.

② 글로우 방전(EF역)
　정전압 방전관, 릴레이 방전관, 네온관, 표시 방전관, 계수방전관 : 음극 부근에 명료한 발광현상이 인정된다.

③ 아크 방전(H역 이후)
　스트로보 방전관, 아크 릴레이 방전관, 이그나이트론, 엑사이트론, 센다이 방전관, 수은 정류관 : 음극 표면 및 방전 공간에 센 발광이 인정된다.

(1) 정전압 방전관

글로우 방전 혹은 타운젠트 방전의 영역에서 전류가 변화하더라도 전압이 거의 일정한 부분을 이용한 것이다. 앞 것에 속하는 것에 정전압 방전관 및 전압 표준관, 뒷 것에 속하는 것에 코로나 정전압 방전관이 있다.

① 정전압 방전관

양극은 중심에 있고 대개의 경우 지름 1[mm] 정도의 금속선이 쓰이며 원통상의 음극이 이것을 둘러싸고 있다. 전극간 전압은 음극의 재질과 봉입가스의 종류에 따라 정해지고 이것들을 적당히 조합해서 전류용량 최고 50[mA] 정도, 전극간 전압 65[V]에서 200[V] 정도까지의 것이 시판되고 있다.

② 전압 표준관

전압 표준관은 정전압 방전관의 일종이지만, 전극간 전압이 대단히 안정되며, 관 하나 하나의 산포도 적고, 비교 전압의 표준용으로 특별히 설계된 것이다.

③ 코로나 정전압 방전관

타운젠트 방전영역의 정전압 특성을 이용한 정전압 방전관의 일종이다. 고전압 소전류의 직류전압 표준용으로 쓰인다.

(2) 릴레이 방전관

양극과 음극 사이에 기동극이라 하는 전극을 갖춘 냉음극 방전관이다. 기동극에는 작은 에너지의 신호를 가함으로써 양극, 음극 사이에 방전을 일으키고, 회로의 스위치로서의 작용하는 것이다.

① 릴레이 방전관

음극은 전류용량을 크게 하기 위해 표면적을 넓게 했으며 보통 표면에 바륨이 피복되어 있다. 양극은 가는 Ni선이며 기동극은 음극의 앞 면에 배치되어 있다. 봉입가스에는 아르곤, 네온 또는 그 혼합가스가 사용되고 있다. 기동극의 전위가 상승되면 기동극과 음극 간에 미소방전이 일어나고 그 전류값이 어는 값이 되면 음극-양극간에 글로우 방전이 생긴다. 이 주전극 사이의 방전개시에 필요한 기동극 전류를 전이 전류라고 하며 보통 수 [μA] 내지 수 100[μA]이다. 타이머, 릴레이 회로, 단일펄스 발생회로 기타 각 종 제어장치에 널리 사용된다.

② 아크 릴레이 방전관

3극 혹은 4극 구조로서 아크 방전에 의해 수 100[A] 순시 대전류를 빼낼 수 있는 것이다. 스트로보 방전관에서 발달한 것으로, 그 제어특성만을 이용할 목적으로 설계된 것이다. 어탐, 측심기 등의 초음파 발진기의 기동용, 다이너마이트의 점화기, 항공기, 발전기용 점화 전등에 이용된다.

3. 광전관 및 특수관

어떤 물체에 빛을 쪼이면 전자를 방출하는데, 이것을 광전자 방출효과라고 한다. 실용적인 광전면으로서는 자외에서 근적외(1,200mm)까지 감도가 있는 Ag-O-Cs, 가시영역에서 감도가 좋은 Sb-Cs, 제조공정이 복잡은 하지만 가시역 전반에 고감도의 Sb-K-Na-Cs(제법에 따라서는 그 광전면은 근적외까지 감도가 있으므로 이미지 인텐시파이어 등에 이용된다), 적색에 감도가 좋은 Ag-Bi-O-Cs 등이 사용된다.

1) 광전관

광전면을 음극으로 한 2극관으로 광전면에는 관 내벽에 증착한 것과 금속판 위에 만든 것이 있다. 양극은 입사광선의 방해가 되지 않게 금속선으로 만든다.

(1) 가스봉입 광전관

관내에 아르곤 등의 불활성 가스를 미량 봉입한 것으로 전자는 가스 분자와 충돌하여 전리하면서 양극에 달하므로 진공형 광전관의 5~10배의 감도를 얻을 수 있다.

(2) 진공광전관

양극 전류는 20~50[V]에서 포화에 달하고, 포화 영역에서는 전류값이 입사 광속에 정비례한다. 주파수 특성이 좋고, 최고 10[MHz] 정도까지 안정하게 사용된다. 주로 측정 장치에 쓰인다.

2) 광전자 증배관

광전면과 2차전자 증배부를 하나의 진공관 안에 넣은 것으로 광전면에서 방출된 전자는 2차전자 증배부에서 10^6배 정도로 증폭되어 방출된다. 광전관과 진공관 증폭기를 조합한 것보다 훨씬 잡음이 적은 출력을 얻을 수 있으므로 극히 미약한 빛을 검출하는데 적합하다. 2차전자 증배 전극은 다이노드라고 하며 2차전자면에는 Sb-Cs면이 많이 사용된다. 증배 단수는 9 혹은 10단이 많지만 14단 정도인 것도 만든다.

3) 이미지관

인간이 직접 육안으로 보지 못하는 미약한 광선, 적외선, 자외선 또는 X선 등의 상을 가시광의 상으로 변환하는 전자관에서 촬상관과는 달리 상의 그림을 직접 눈으로 볼 수 있도록 변환하는 것이다. 이에 속하는 전자관에는 암시관, 자외용 이미지관, X선 형광증배관 등이 있다.

(1) 원 리

그림 9-13은 이미지 관의 원리를 표시한 것으로 입력광전면의 상에 상응한 광전자는 전자렌즈로 가속, 수렴되어 출력 형광면에 가시광 상이 맺어진다. 입출력면에 광섬유를 이용하면 이미지관이 캐스케이드 결합이 되므로 극히 큰 광증폭이 가능하다.

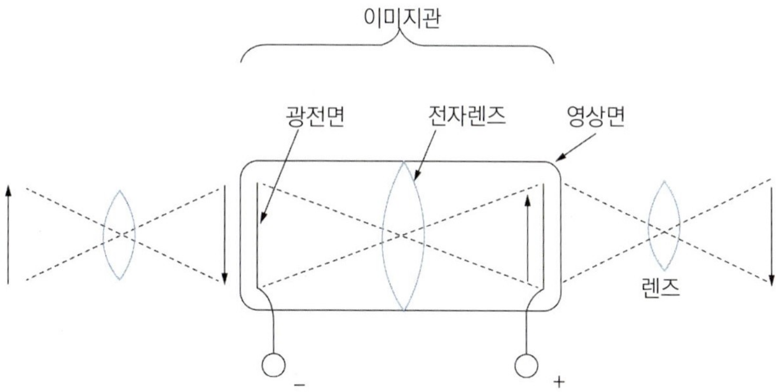

그림 9-13 이미지관의 원리

(2) 응 용

광전면에서 Ag-O-Cs를 사용한 것은 근적외(800~1,200 mm)의 상을 볼 수가 있으므로 암시관이라고 한다. 군용으로 이용되는 이외에 암실 내에서의 작업 관리, 적외선 현미경 등에 사용된다.

내면을 2차전자 방출비가 높은 반절연막으로 피복한 가는 유리관을 마이크로 채널이라고 하는데 다수의 관을 다발로 하면 2차원적인 전자류를 증배하는 장치 MCP를 얻게 된다. 이것을 광전면과 형광면 사이에 끼우면 소형의 이미지관이 된다.

제 10 장

반도체

Semiconductor

1 원자의 구조
2 에너지 레벨
3 반도체의 종류
4 반도체의 성질

제 10 장 반도체

학습목표	중심단어
1 반도체의 성질을 설명한다. (A)	반도체
2 순수 반도체, 불순물 반도체를 설명한다. (A)	순수반도체, 불순물 반도체

1. 원자의 구조

원자는 전자와 원자핵인 양자 및 중성자로 구성되어져 있다. 원자구조는 그림 10-1 (a)와 같이 원자핵을 중심으로 전자들이 K궤도, L궤도, M궤도, ...의 전자껍질에 각각 2개, 8개, 18개 ...의 전자들이 채워져 있다.

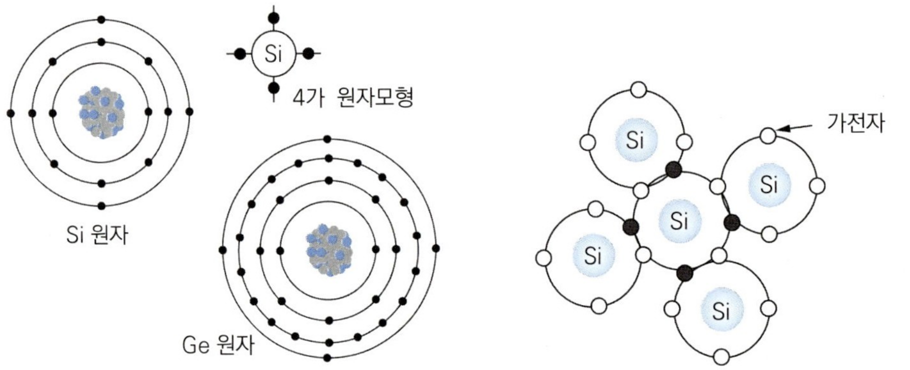

(a) 4가 원자 (b) 4가 원자의 공유결합

그림 10-1 반도체의 구조

가장 일반적인 반도체는 실리콘(Si)과 저마늄(게르마늄, Ge)으로 최외각 전자껍질에 4개의 전자들이 채워져 있다. 그림 10-1 (b)와 같이 최외각 전자들을 서로 공유하여 이루어진 형태의 결합을 **공유 결합**이라고 한다. 최외각 껍질에 있는 전자를 **가전자**라고 하는데 원자핵에서 멀리 떨어져 있기 때문에 빛이나 열과 같은 외부 에너지를 가하면 쉽게 전자 궤도에서 벗어나 **자유전자**가 된다.

2. 에너지 레벨

원자 구조에 있는 전자껍질들은 그림 10-2와 같이 불연속적인 에너지 준위(level)를 가지고 있다. 각 궤도 사이 영역을 **금지대**라고 하며, K궤도에 존재하는 전자가 L궤도로 전이하기 위해서는 많은 양의 에너지가 필요한 반면 M궤도에서 N궤도로 전이하기 위해서는 적은 양의 에너지가 필요하다. 즉, 전자가 핵에서 멀리 떨어져 있으면 에너지 상태가 높아 쉽게 전이 할 수 있다. 최외각 전자껍질의 에너지 준위를 **가전자대**라고 하며, 외부에서 열이나 빛 등의 에너지를 받으면 공유결합을 유지 하던 가전자대의 전자가 자유전자가 되면서 전도대로 전이하게 된다.

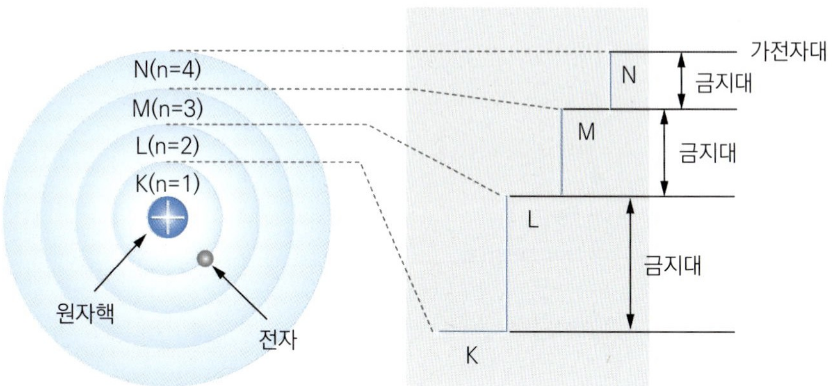

그림 10-2 에너지 준위

그림 10-3은 부도체, 반도체, 도체의 에너지 준위를 나타내었다.

부도체는 가전자대의 전자들이 금지대를 뛰어 넘어 전도대로 가기 위해 많은 양의 에너지가 필요한 반면 반도체는 적은 양의 에너지가 필요하고, 도체는 전도대에 자유전자가 존재하고 있다.

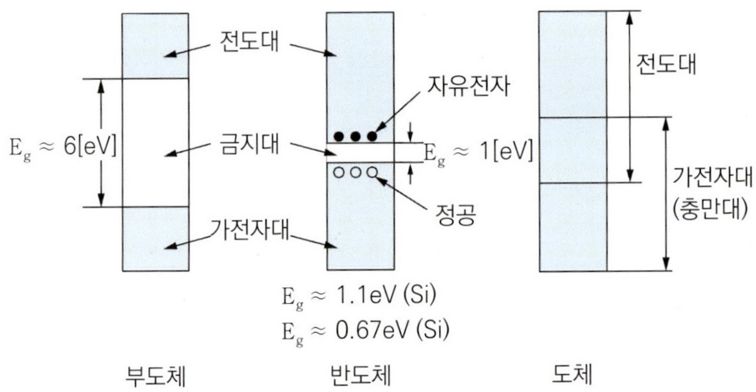

그림 10-3 물질의 에너지 준위

3. 반도체의 종류

(1) 순수반도체

순수반도체란 정제되어 불순물을 거의 포함하지 않은 순수한 반도체를 말한다. 실리콘(Si)이나 저마늄(Ge)과 같은 4가의 금속은 4개의 가전자를 가지고 있으며, 상온에서 순수반도체의 자유전자는 매우 적은 양이 존재한다. 그림 10-4에서 가전자대의 전자가 금지대의 에너지 폭(Eg)을 뛰어 넘어 전도대로 이동하여 자유전자가 된다.

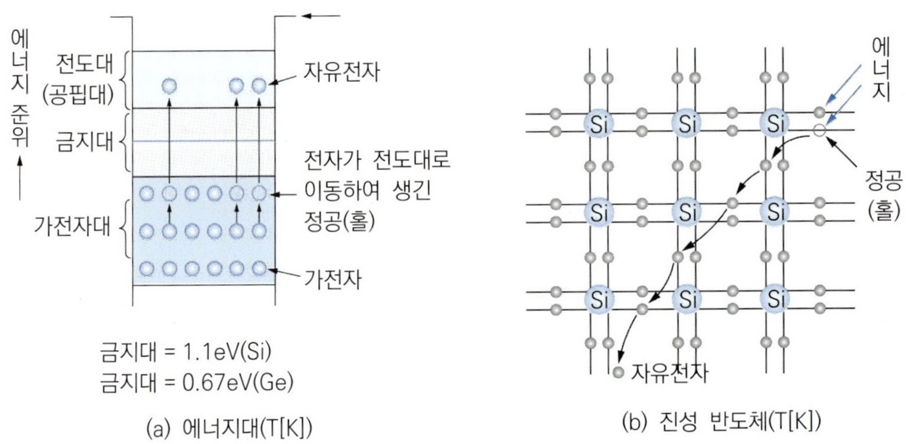

그림 10-4 상온에서의 진성 반도체의 구조 및 에너지대

가전자대의 빈자리는 전자가 비어 있는 구멍과 같은 상태, 즉 **정공(hole)**이 되고 정공은 주위의 다른 전자가 즉시 그 자리를 채우게 된다. 연속적으로 정공의 자리를 전자가 채우면 정공이 이동하는 듯한 현상이 나타난다.

전도대의 전자는 자유전자가 되고 이 반도체에 전압이 가해지면 전도대의 자유전자가 이동하여 전류의 흐름을 만든다.

정공과 자유전자는 동시에 발생하고 이를 전자와 정공의 **쌍생성**이라고 한다. 전하의 이동에 관계되는 **자유전자**(음전하)와 **정공**(양전하)을 **캐리어**(carrier)라고 한다.

(2) 불순물 반도체

반도체 물질은 순수반도체에 어떤 불순물 원자를 첨가함에 따라 반도체의 불연속적인 에너지 준위를 변화 시킬 수 있다. 불순물을 첨가하는 과정을 **도핑(dopping)**이라고 하고, 이러한 과정을 거친 반도체를 **불순물 반도체**라 한다.

불순물 반도체에는 n형 반도체와 p형 반도체가 있다. **n형 반도체**는 캐리어 중 자유전자의 수를 늘리기 위해 **5가의 불순물을 첨가**하고, **p형 반도체**는 정공의 수를 늘리기 위해 **3가의 불순물**을 첨가한다.

① n형 반도체

n형 반도체는 실리콘(Si)이나 저마늄(Ge)의 순수반도체에 가전자가 5개 존재하는 5가의 불순물을 첨가해서 만든다. 5가의 불순물에는 **비소(As)**, **안티몬(Sb)**, **인(P)**등이 있다.

그림 10-5 (a)는 실리콘(Si)에 5가의 안티몬(Sb)을 첨가 하였을 경우, 실리콘(Si)에 있는 4개의 전자들과 안티몬(Sb)에 있는 4개의 전자들이 서로 공유결합 하고 안티몬(Sb)의 1개의 전자가 공유결합을 형성하지 않는다.

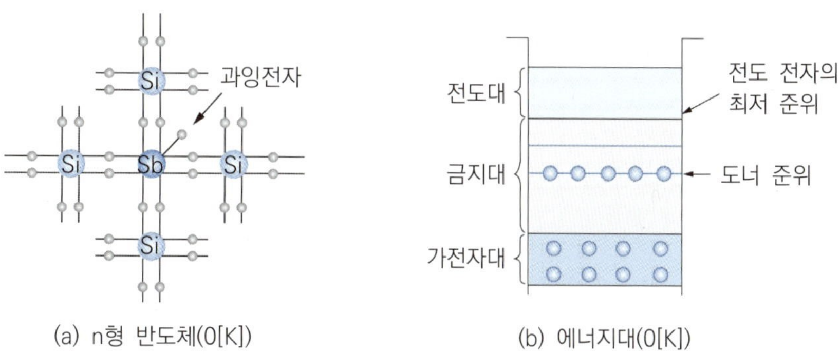

그림 10-5 0[K]에서의 n형 반도체의 구조 및 에너지대

불순물을 첨가함으로써 공유결합을 하지 않아 구속력이 매우 약한 1개의 전자가 생성되는 5가의 불순물을 **도너(donor)**라 한다. 그림 10-5 (b)에 5가의 불순물 첨가로 인해 생성된 전자들이 **도너준위**를 형성하는데, 이 준위에 있는 전자들은 아주 작은 에너지에 의해 전도대로 이동하여 자유전자 된다.

그림 10-6 (a)는 상온에서의 n형 반도체의 원자 모형을 나타내었다.

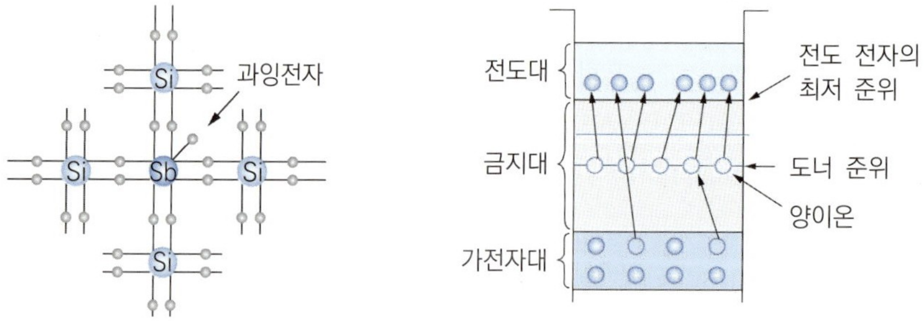

자유전자의 수 〉〉 정공의 수

(a) n형 반도체(상온) (b) 에너지대(상온)

그림 10-6 상온에서의 n형 반도체의 구조 및 에너지대

상온의 열에너지로 인해 n형 반도체의 도너 준위에 있던 전자들이 전도대로 이동하면서 정공과 전자들이 생성된다. 또한 가전자대의 전자들이 전도대로 바로 이동하기도 한다. n형 반도체에서는 불순물 도핑에 의해 전자가 많기 때문에 **다수 캐리어**는 **전자**가 되고, **소수 캐리어**는 **정공**이 된다.

음의 전하를 띄는 전자가 많기 때문에 n(-, negative)형 반도체라 한다.

② p형 반도체

p형 반도체는 순수반도체에 가전자가 3개 존재하는 3가의 불순물을 첨가해서 만든다. 3가의 불순물에는 갈륨(Ga), 붕소(B), 인듐(In), 알루미늄(Al)등이 있다.

그림 10-7 (a)는 실리콘(Si)에 3가의 갈륨(Ga)을 첨가 하였을 경우, 실리콘(Si)에 있는 3개의 전자들과 갈륨(Ga)에 있는 3개의 전자들이 서로 공유결합을 형성하는데, 갈륨의 전자가 부족하여 빈 공간 즉 정공이 생성된다.

불순물을 첨가함으로써 공유결합을 할 수 없는 빈 공간인 정공이 생성되는 3가의 불순물을 **억셉터(acceptor)**라 한다. 정공의 빈 공간은 즉시 주위의 전자에 의해 채워지는 이는 정공이 이동하는 것과 같은 현상이 나타난다.

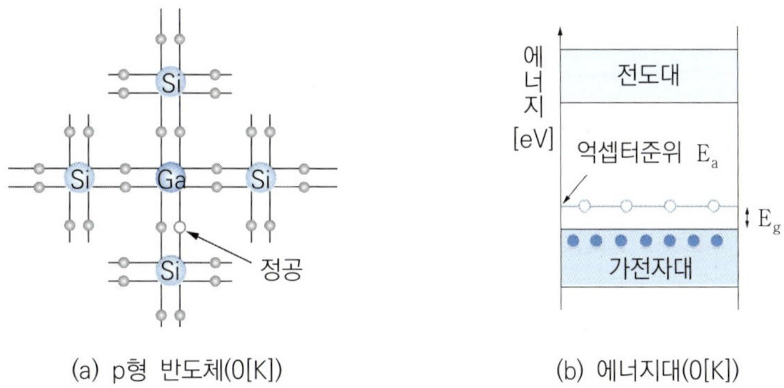

그림 10-7 0[K]에서의 p형 반도체의 구조 및 에너지대

그림 10-7 (b)에 3가의 불순물 첨가로 인해 생성된 정공들이 **억셉터준위**를 형성하는데, 가전자대에 있는 전자들이 아주 작은 에너지에 의해 억셉터준위로 갈 수 있다. p형 반도체에서는 정공의 빈자리에 전자가 채워지기 때문에 정공이 이동하는 것처럼 보인다.

그림 10-8 (a)는 상온에서의 p형 반도체의 원자 모형을 나타내었다.

상온의 열에너지로 인해 가전자대에 있던 전자들이 억셉터준위의 정공에 채워지고, 억셉터준위 전자들은 외부의 작은 에너지에 의해 가전자대로 이동할 수 있게 된다.

p형 반도체에서는 불순문 도핑에 의해 정공의 수가 많기 때문에 **다수 캐리어**는 **정공**이 되고, **소수 캐리어**는 **전자**가 된다.

양의 전하를 띄는 정공이 많기 때문에 p(+, positive)형 반도체라 한다.

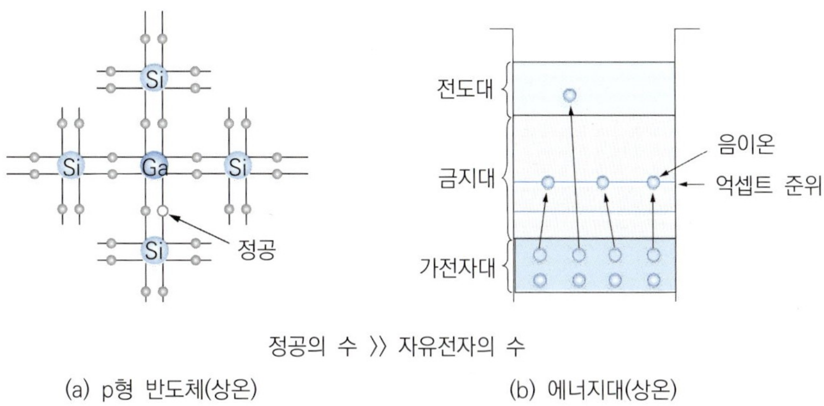

그림 10-8 상온에서의 p형 반도체의 구조 및 에너지대

4. 반도체의 성질

급속하게 발전하고 있는 반도체기술은 거의 모든 전자 기기에 사용되어지고 있고 그 특징은 다음과 같다.

1) 반도체는 저항률이 온도 상승에 따라 감소하는 부(-)의 온도계수를 가진다. 즉, 반도체는 온도에 의한 저항의 변화가 금속과는 반대로 온도가 높아지면 저항치가 작아지는 부(-) 온도계수의 물질이다.
2) 반도체에 소량의 불순물을 첨가함으로써 저항값을 매우 작게 할 수 있다.
3) 자장(magnetic field) 속에 반도체를 놓고 전류를 흘릴 경우 반도체 단면에 전하가 쌓여 전위차가 발생하는데 이를 **홀 효과**(Hall effect)라 한다.
4) 반도체를 이용하면 교류전기를 직류전기로 바꾸는 정류작용을 할 수 있다.
5) 빛을 비추면 저항이 작아지거나 전기를 일으키는 광전효과가 발생한다.

제 11 장

반도체 소자

Semiconductor Device

1 다이오드
2 트랜지스터
3 서미스터
4 CdS 광도전 셀
5 사이리스터

제 11 장

반도체 소자

학습목표	중심단어
1 다이오드에 대해 설명한다. (A) **2** 제너다이오드, 트랜지스터, 사이리스터의 기호와 역할에 대해 설명한다. (A)	다이오드 제너다이오드, 트랜지스터 사이리스터

n형 반도체와 p형 반도체를 접합하게 되면 n형의 다수캐리어와 p형의 다수캐리어들이 만나면서 전류의 흐름을 제어 할 수 있게 된다. n형 반도체와 p형 반도체 2개를 접합하여 만든 반소체 소자를 **다이오드**(diode)라고 한다. 반도체 3개 즉 npn 혹은 pnp를 접합해서 만든 반도체 소자를 **트랜지스터**(transistor)라 한다.

1. 다이오드

다이오드는 불순물이 첨가된 n형 반도체와 p형 반도체를 접합하여 pn접합 원리로 만들어진 전자부품이다. n형과 p형이 접합하는 순간 접합영역에서 전자와 정공이 결합하여 캐리어 결핍을 초래하게 된다. 양이온인 정공과 음이온인 전자가 결합하여 캐리어 결핍 현상이 일어나는 영역을 **공핍 영역**(depletion region)이라 한다.

1) 동작 원리

(1) 전압을 인가하지 않았을 경우

그림 11-1 (a)는 외부에 전압을 인가하지 않았을 경우 p형의 다수캐리어인 정공과 n형의 다수 캐리어인 전자가 존재하는 반도체를 접합하는 순간을 나타내고 있다. 그림 11-1 (b)와 같이 두 반도체가 접합되고 바로 직후 p형 반도체 내의 정공과 n형 반도체 내의 전자가 확산에 의해 반대 방향으로 이동 후 결합하여 공핍 영역을 만든다.

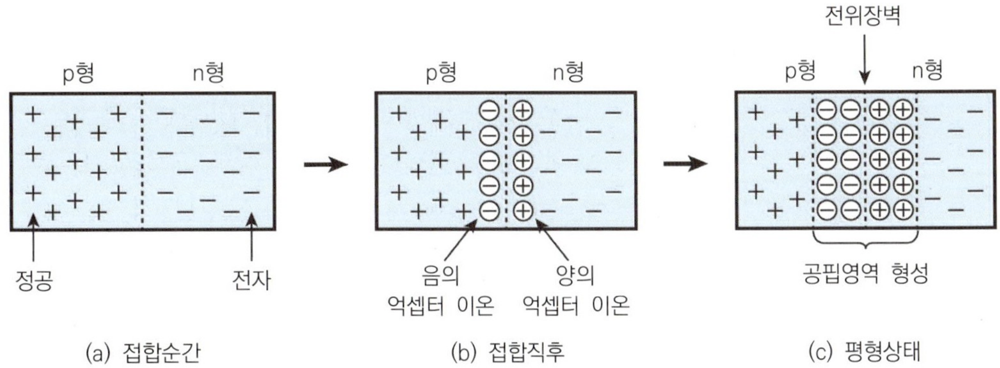

그림 11-1 pn 접합

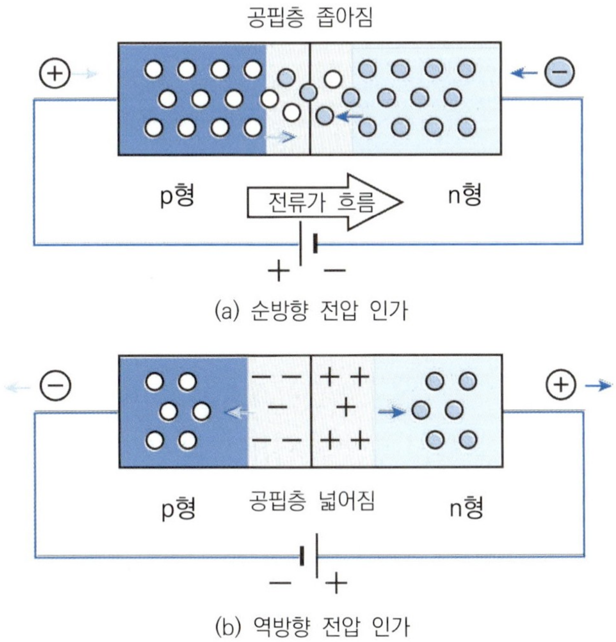

그림 11-2 pn 접합에 전압 인가

음이온과 양이온이 결합하는 공핍영역에서는 전위차가 발생되는데 이를 **전위장벽**이라 한다. 그림 11-1 (c)와 같이 전위장벽으로 인해 캐리어들의 이동에 방해를 받고 이후 더 이상 이동이 없게 되는 평형상태에 이르게 된다.

(2) 순방향 전압을 인가하였을 경우

그림 11-2 (a)와 같이 p형 영역에 양(+)의 전압을 인가하고 n형 영역에 음(-)의 전압을 인가하면 외부에서 전자와 정공이 공급되므로 공핍층이 좁아지게 된다. 즉, p형 영역에 정

공이 공급되므로 공핍층을 넘어 n형 영역으로 이동이 용이하고, 동시에 n형 영역에도 전자가 공급되므로 p형 영역으로의 이동이 수월해 진다. 결과적으로 pn접합 영역에 공핍영역이 좁아져 많은 양의 전류가 흐를 수 있게 된다.

(3) 역방향 전압을 인가하였을 경우

그림 11-2 (b)와 같이 p형 영역에 음(-)의 전압을 인가하고, n형 영역에 양(+)의 전압을 인가하면 p형 영역에 공급되는 음의 전하는 다수 캐리어인 정공을 당기게 되어 공핍층이 넓어진다. 동시에 n형 영역에 공급되는 양의 전하 또한 다수 캐리어인 전자를 끌어당겨 공핍층을 넓히는 효과를 나타낸다. 결과적으로 pn 접합 영역의 공핍영역이 넓어져 전류가 흐를 수 없게 된다.

2) 다이오드의 특성 곡선

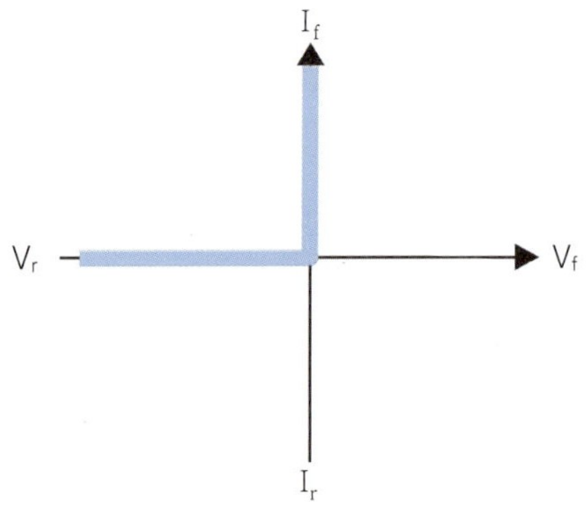

(a) 이상적인 다이오드 특성

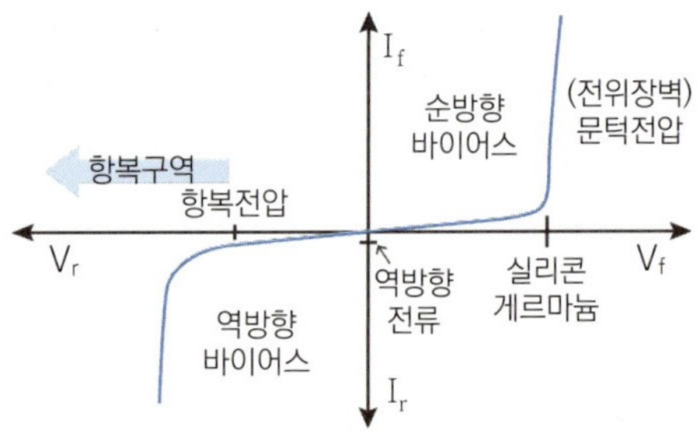

(b) 일반적인 다이오드 특성

그림 11-3 다이오드의 특성 곡선

그림 11-3 (a)는 이상적인 다이오드일 경우 11-3 (b)는 일반적인 다이오드의 전압-전류 특성 곡선을 나타내었다. 그림 11-3 (b)의 x축의 오른쪽 영역 즉, 순방향 바이어스 영역은 pn접합에서 p형 반도체에 양의 전압을 가하고, n형 반도체에 음의 전압을 가하게 되면 전류가 흐르게 된다. 그림에서와 같이 문턱전압(전위장벽) 이상의 전압을 가할 경우 캐리어들이 pn접합에 의해 형성된 전위장벽을 뛰어 넘어 많은 양의 전류가 흐르게 된다. 하지만 문턱전압(전위장벽) 이하의 전압을 가할 경우 캐리어들이 pn접합에 의해 생성된 전위장벽을 뛰어 넘지 못해 전류가 거의 흐르지 않게 된다. pn접합 다이오드에 전류를 잘 흐르게 하기 위해서는 문턱전압 이상의 전압을 걸어 주어야 한다. 이 문턱전압은 실리콘(Si)일 경우 0.7V이고 저마늄(Ge)은 0.3V이다.

다이오드 특성 곡선에서 x축의 왼쪽 영역 즉, **역방향 바이어스** 영역은 pn접합에서 p형 반도체에 음의 전압을 가하고, n형 반도체에 양의 전압을 가할 경우 전류가 흐르지 않게 된다. pn접합에 역방향 전압을 인가 후 전압의 세기를 증가시켜도 전류는 흐르지 않는다. 하지만 역방향 전압을 더욱 증가시키게 되면 전류가 갑자기 많이 흐르는 현상이 발생하게 된다. 이러한 현상을 항복 현상(break down)이라고 하며, 전류가 갑자기 흐르기 시작할 때의 전압을 **항복 전압** 또는 **제너 전압**이라고 한다. 항복현상은 **애벌런치(avalanche)** 혹은 **전자사태 현상**과 **제너효과(Zener effect)**의 두 가지 종류가 있다. 애벌런치 현상은 전압이 증가하다가 다이오드 내부의 전자가 전압을 이기지 못하고 처음 한 개의 전자가 튀어나가면서 다른 전자도 함께 연속하여 폭발적으로 이동하는 현상이며, 자유전자가 기하급수적으로 늘어나게 되는데 마치 눈사태와 같다고 하여 애벌런치 현상이라고 한다. 제너효과는 역방향의 전압을 가하게 되면 p형 반도체에 있는 전자가 절연 영역의 미세한 구멍(공핍층)을 통과해 n형 반도체쪽으로 이동하는 양자 역학적 터널 효과를 말한다.

p형 반도체와 n형 반도체를 접합하여 만든 반도체 소자를 다이오드라고 한다. p형 반도체 쪽에는 양(+)을 뜻하는 A(anode) 전극을 가하고, n형 반도체 쪽에는 음(-)을 뜻하는 K(cathode) 전극을 가하게된다. 그림 11-4는 다이오드의 기호를 나타내었다.

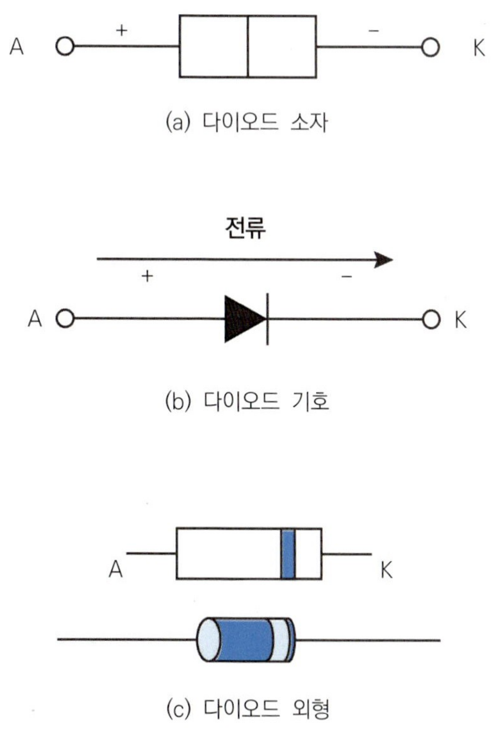

그림 11-4 다이오드 소자 및 기호

3) 정류특성

다이오드는 인가되는 전압 극성에 따라 한 방향으로만 전류가 흐르거나 흐르지 못하게 하는 **정류작용**을 할 수 있다. 즉, 다이오드의 가장 일반적인 특징은 한쪽 방향으로만 전류를 흐르게 하고 반대 방향으로는 차단하는 것이다. 이를 이용하여 교류전압을 직류전압으로 변환할 수 있는 정류회로를 구성할 수 있다. 정류작용의 종류에는 반파정류 회로와 전파정류 회로로 나눌 수 있다.

(1) 반파정류 회로(Half wave rectifier circuit)

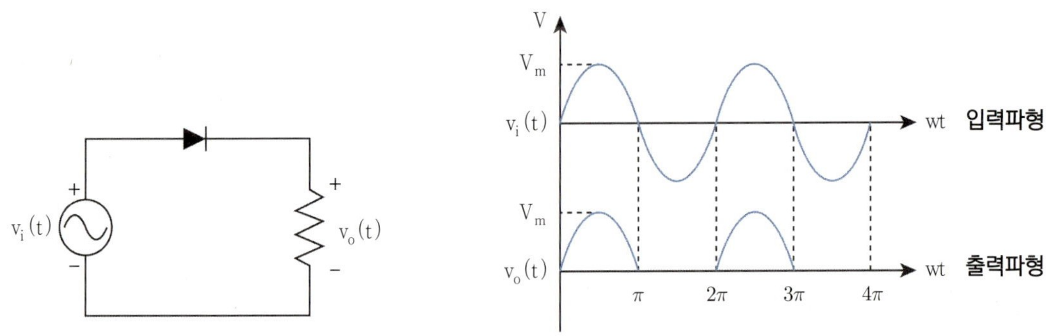

그림 11-5 반파 정류

그림 11-5와 같이 입력 전압이 (+)전압과 (-)전압이 교대로 나타나는 교류전압을 가해주면 양(+)의 주기 동안은 다이오드에 전류가 흘러서 출력 전압이 양의 전압 그대로 나타나고, 음(-)의 주기 동안은 다이오드에 전류가 흐르지 않아서 출력 전압이 나타나지 않는다. 즉, 입력 파형의 반주기 동안만 출력 신호가 나타나는 반파정류를 나타낸다.

(2) 전파정류(Full wave rectifier circuit)

그림 11-6은 다이오드 4개를 이용하여 교류전압의 양(+)주기와 음(-)의 주기 모두가 출력 신호로 나오는 전파 정류회로를 나타내었다. 그림 11-6 (a)에서 입력 신호가 양(+)의 주기인 a 점이 양(+)인 경우 D2를 통과한 후 부하를 지나 D4를 통과해서 b점으로 전류가 흘러 간다. 그림 11-6 (b)에서 입력 신호가 음(-)의 주기인 b점이 양(+)인 경우 D3를 통과한 후 부하를 지나 D1를 통과해서 a점으로 전류가 흘러 간다.

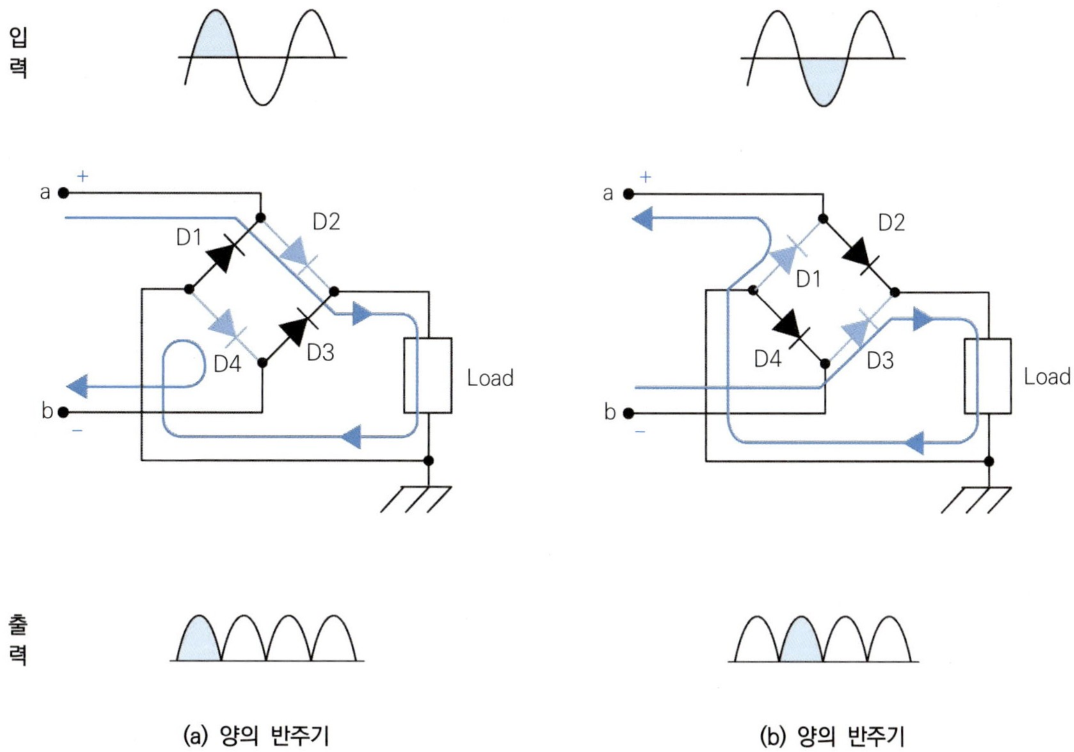

그림 11-6 전파 정류

결과적으로 입력의 양(+)의 주기와 음(-)의 주기 동안 모두에서 출력 신호가 나타난다. 즉, 입력의 반주기마다 맥동하는 파형이 나타나고 전압의 평균값은 반파정류된 전압의 평균값에 2배가 된다.

4) 다이오드의 종류

(1) 제너다이오드(Zener diode)

일반다이오드는 역방향전압을 가했을 때 전류가 거의 흐르지 않지만, 제너다이오드는 역방향전압을 가하면 처음에는 전류가 흐르지 않지만 전압을 점점 올리면 갑자기 전류가 흐르게 되는 시점이 발생하게 된다. 이 지점을 항복 전압이라고 하고, 이러한 항복현상은 제너현상과 애벌런치 현상에 기인한 것이다. 일반다이오드는 이러한 항복영역에서 파괴되기 때문에 사용할 수 없지만, 제너다이오드는 이러한 영역에서 사용할 수 있도록 제작되었다. 제너다이오드의 항복 영역에서는 다이오드에 흐르는 전류가 급격히 증가하여도 단자 전압은 거의 일정하기 때문에 제너다이오드를 정전압다이오드라고도 한다.

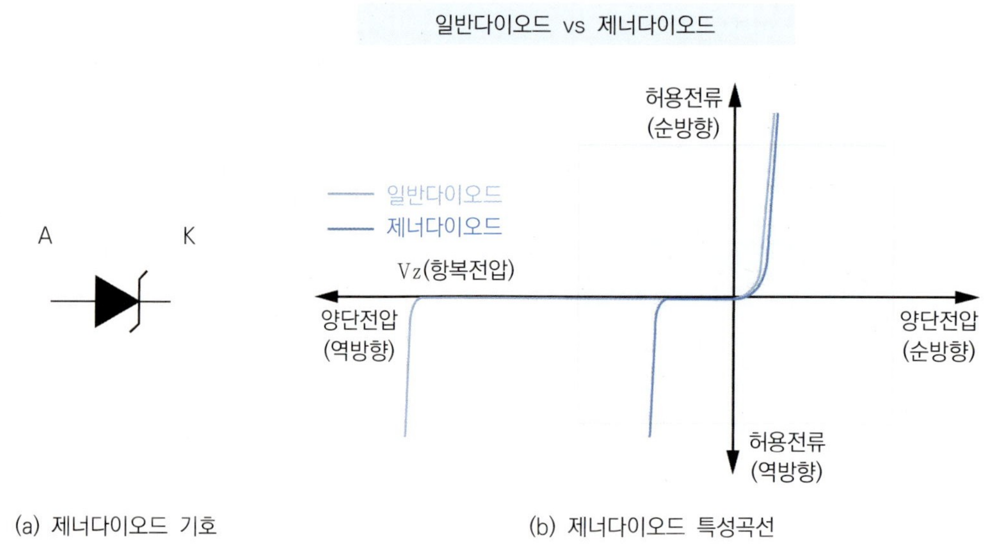

그림 11-7 제너다이오드 기호와 특성곡선

그림 11-7 (a)는 제너다이오드의 기호를 나타내었고, (b)는 특성곡선을 나타내었다. 특성곡선에서 제너다이오드는 일반적인 회로작동 영역 즉, 기준전압에서 항복현상을 일으키지만 일반다이오드는 그 항복 영역이 매우 높고 넓은 것을 확인할 수 있다. 제너다이오드 특성곡선에서 항복전압 Vz에 도달하기까지 역방향전류는 매우 적으며 항복전압에 도달하는 순간 전류가 급격히 증가하게 된다.

(2) 발광다이오드(LED, Light Emitting Diode)

발광다이오드는 전류를 순방향으로 흘리게 되면 광전효과에 의해 빛이 나는 다이오드를 말한다. 그림 11-8은 발광다이오드의 기호를 나타내었다.

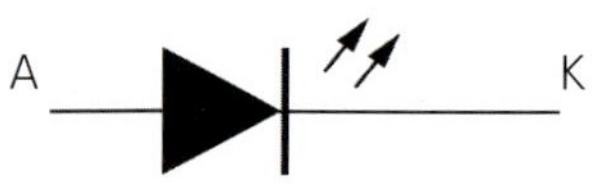

그림 11-8 발광 다이오드 기호

발광 다이오드는 백열전구에 비해 수명이 길고, 소비 전력이 적으며, 응답속도가 빠르다는 장점이 있다. 응용 분야로는 자동차의 계기표시 장치나 세그먼트의 숫자표시기 등에 사용되고 있다.

(3) 광다이오드(Photo diode)

다이오드에 역방향 전압을 가하고 빛을 비추면 전류가 흐르는데 빛의 양을 변화시키면 흐르는 전류는 빛의 양에 비례하여 변화한다.

이러한 광다이오드는 광량의 변화를 전류의 변화로 바꾸는 장치에 이용되는데, 카메라에서 빛에 따라 노출정도가 조절되도록 하는 자동노출계, 자동문, TV 리모콘등에 이용된다. 그림 11-9는 광다이오드의 기호를 나타내었다.

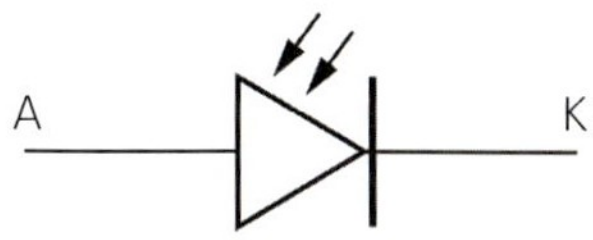

그림 11-9 광다이오드의 기호

(4) 바리캡 다이오드(variable-Capacitance Diode)-가변용량 다이오드

바리캡 다이오드는 가변용량 다이오드로 바랙터라고도 부르며, 다이오드 접합부의 용량이 역전압에 비례하는 원리를 이용한 것이다. pn 접합 다이오드에 역방향 전압을 가하면 생성된 공핍층은 커패시터와 같은 역할을 한다. 역방향 바이어스 전압이 증가하면, 공핍층의 폭은 넓어지게 되어 커패시턴스가 감소하게 된다. 반대로 역방향 바이어스 전압이 감소하면 커패시턴스가 증가하게 된다. 그림 11-10은 바리캡 다이오드의 기호를 나타내었다.

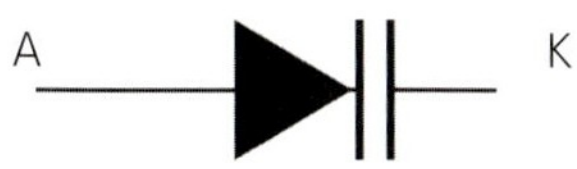

그림 11-10 바리캡 다이오드의 기호

(5) 스위칭 다이오드(Switching Diode)

pn 접합의 특징인 정류효과 즉, 순방향 전압이 가해질 때 전류가 흐르고 역방향 전압이 가해지면 전류가 흐르지 않는 특징을 이용하며, 회로의 스위칭에 사용된다.

(6) 쇼트키 다이오드(Schottky Barrier Diode : SBD)

반도체표면에 금속막을 접합시켜 반도체 속에 캐리어를 주입시킬 수 있다. 즉 반도체 표면에 금속을 도핑시키면 금속과 반도체 사이에 전위장벽(0.4~0.5V)이 형성되는데 이러한 원리를 이용한 것이 쇼트키 다이오드이다. 특징은 고속 스위칭이나 높은 주파수의 정류등에 사용된다. 그림 11-11은 쇼트키 다이오드의 기호를 나타내었다.

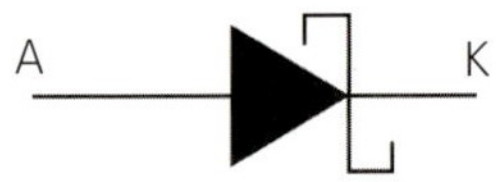

그림 11-11 쇼트키 다이오드의 기호

(7) 터널 다이오드(Tunnel Diode), 에사키 다이오드(Esaki Diode)

터널 다이오드는 터널효과를 이용하는 다이오드로 1957에 에사키에 의해서 발명되었다. 불순물 농도를 증가시키면 pn접합의 공핍층이 아주 얇게 되어 양자역학적 터널 효과가 발생하여 갑자기 전류가 많이 흐르게 되는 원리를 이용한다. 그림 11-12는 터널 다이오드의 기호를 나타내었다.

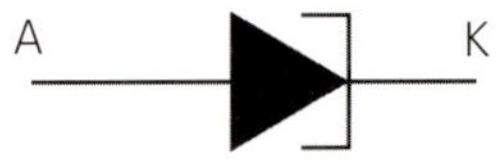

그림 11-12 터널 다이오드의 기호

2. 트랜지스터

트랜지스터는 종류에 따라 바이폴라 트랜지스터(Bipolar Junction Transistor, BJTs)와 유니폴라 트랜지스터(Unipolar Transistor)로 나눌 수 있다. 2개의 극성을 가지고 있는 바이폴라 트랜지스터를 접합형 트랜지스터라고도 한다. 일반적인 트랜지스터는 실리콘으로 되어 있는 접합형 트랜지스터를 일컫는다. 유니폴라 트랜지스터는 극성이 하나라는 의미이고, 일반적인 트랜지스터에서는 전자와 정공 두가지에 의해 작동하지만 단극성 유니폴라 트랜지스터인 전계효과 트랜지스터(Field Effect Transistor, FETs)는 전자 또는 정공 중 하나에 의해 전류가 흐른다. 그림 11-13은 트랜지스터의 분류를 나타내었다.

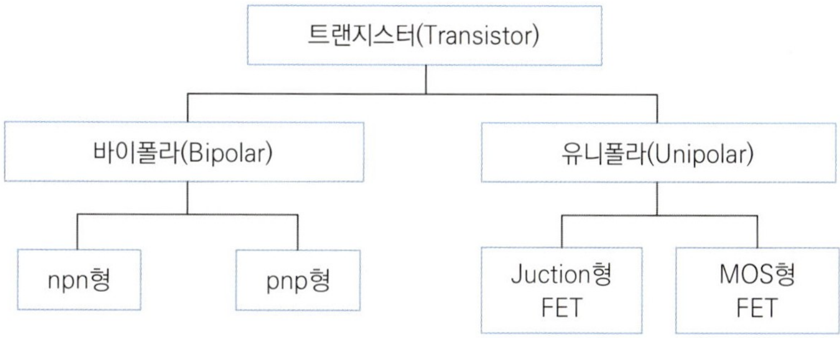

그림 11-13 트랜지스터의 분류

1) 접합형 트랜지스터의 구성(Bi-polar junction transistor, BJT)

트랜지스터는 그림 11-14 (a)와 같이 매우 얇은 n형의 반도체를 두 개의 p형 반도체 사이에 샌드위치 모양으로 접합한 구조로 되어 있다. 이것을 **pnp형 트랜지스터**라고 하며, 이것과 반대로 그림 11-14 (b)와 같이 n형의 반도체사이에 p형을 끼워 놓은 것을 **npn형 트랜지스터**라고 한다. 그림 11-14에 pnp형 및 npn형 트랜지스터의 기호를 나타냈다.

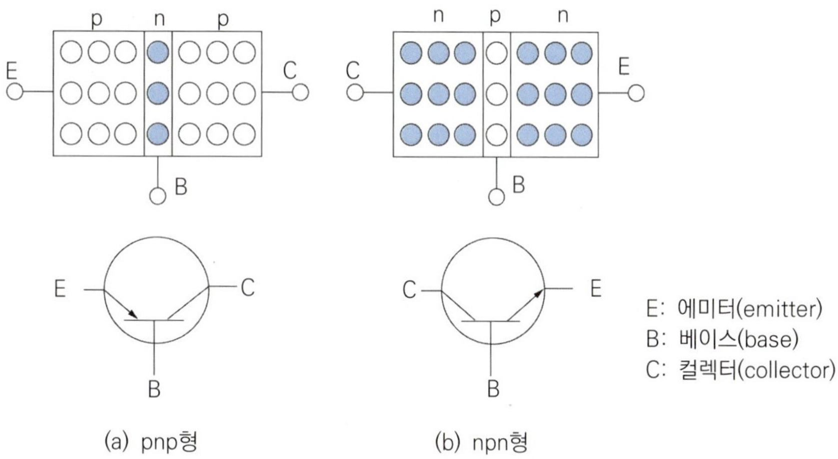

그림 11-14 트랜지스터 구조 및 기호

2) 접합형 트랜지스터의 동작원리

pnp형 트랜지스터에 그림 11-15와 같이 전지를 연결하면 다이오드의 역방향 바이어스가 상당하므로 전류는 거의 흐르지 않는다.

그림 11-15와 같이 왼쪽 p형의 부분과 중앙의 n형 부분에, p형이 +, n형이 -가 되도록 별도의 전지를 연결하면 왼쪽의 pn 부분은 순방향 바이어스가 되기 때문에 p형 내의 정공은 n형쪽으로 흘러들어간다. n형 부분은 매우 얇게 만들어져 있으므로 흘러 들어간 정공의 거의 모두가 오른쪽의 경계(n-p 접합부)에 도달한다. 그런데 여기에는 오른쪽으로 끌어 당기는 전계가 있으므로 정공은 오른쪽의 p형 부분으로 들어간다.

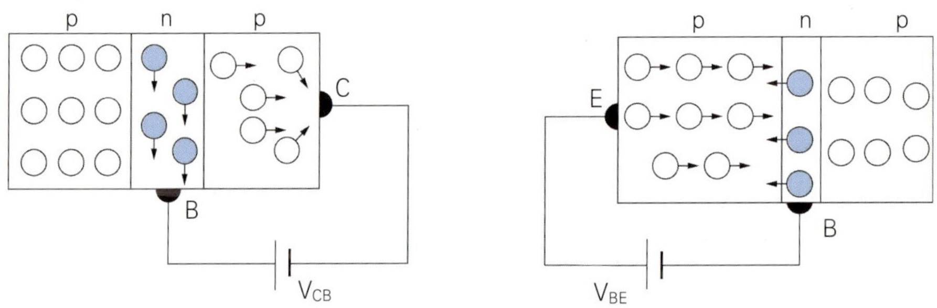

(a) 역방향 전압 (b) 순방향 전압

그림 11-15 pnp형 트랜지스터의 기본원리

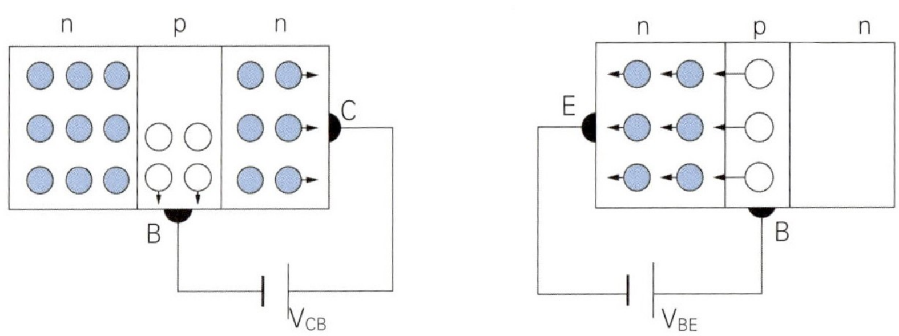

(a) 역방향 전압 (b) 순방향 전압

그림 11-16 npn형 트랜지스터의 기본원리

그림 11-15에서, 왼쪽의 정공을 주입하는 p형 부분을 **에미터**(E), 중앙의 n형 부분을 **베이스**(B), 그리고 오른쪽의 정공을 끌어 모으는 p형 부분을 **콜렉터**(C)라고 부른다. 여기서 트랜지스터에 가하는 전압과 이것에 의해 흐르는 전류는 다음과 같다. 에미터와 베이스간은 순 바이어스이므로 낮은 전압을 가해도 전류가 잘 흐른다. 또한 베이스와 콜렉터간은 역 바이어스로 사용한지만 콜렉터를 흐르는 전류는 콜렉터에 가하는 전압에는 좌우되지 않고, 에

미터에 흐르는 전류에 의해서만 크게 좌우된다. 그림 11-17은 트랜지스터의 각 부분을 흐르는 전류를 나타낸 것이며, 콜렉터에 흐르는 전류는 에미터 전류의 98~99%, 에미터에서 베이스로 흐르는 전류는 1~2%로서 대부분이 콜렉터에 흐르게 된다.

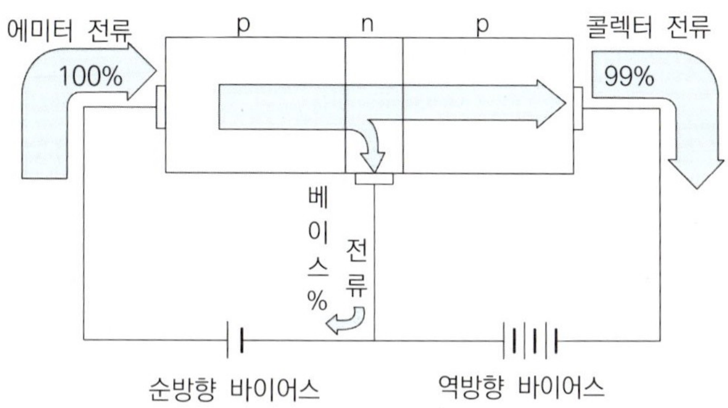

그림 11-17 트랜지스터 내부를 흐르는 전류

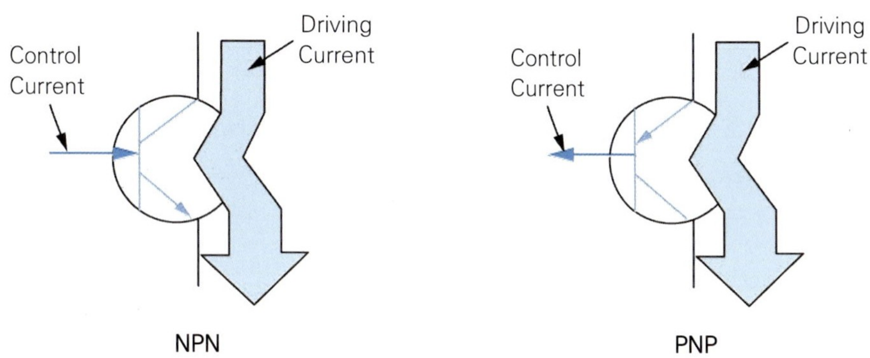

그림 11-18 트랜지스터의 증폭작용

그림 11-18에서 베이스에 아주 적은량의 전류를 흘려보내 주면 에미터에서 콜렉터를 통해 많은 양의 전류가 흐르게 된다. 즉, 트랜지스터는 증폭작용을 한다는 것을 알 수 있다. npn과 pnp의 차이는 베이스쪽에 흐르는 전류의 방향만 다르고 작동 원리는 동일하다. 베이스에 흐르는 전류와 이로 인해 콜렉터로 흐르는 전류의 비가 증폭율이 된다.

트랜지스터의 기호는 그림 11-14에 나타낸 바와 같으며 pnp형과 npn형은 에미터 전류의 방향에 의해 구별하고 있다. pnp형에서는 에미터의 화살표를 베이스쪽을 향해 그리고 npn형에서는 화살표를 베이스에서 바깥쪽을 향해 그리도록 되어 있다.

3) 트랜지스터의 특징

트랜지스터는 다이오드를 포함하여 진공관에서와 같이 스위칭(switching), 증폭(amplification), 발진(oscillation), 변조(modulation), 검파(detection), 정류(rectification) 등의 기능을 갖고 있으며, 트랜지스터는 진공관에 비하여 다음과 같은 장단점이 있다.

(1) 장 점

① 완전 결정체이기 때문에 진공이 필요없고 소형이고 경량이다.
② 저전압(low tension)으로 동작하고 전력 소모가 적다.
③ 필라멘트가 없으므로 가열전력이 필요없다. 따라서 전원을 넣자마자 동작한다.
④ 수명이 반영구적으로 길다.
⑤ 진공관은 전압제어를 하는데 트랜지스터는 전류제어를 한다.
⑥ 내부전압 강하가 적고 효율이 좋다.
⑦ 진동이나 충격(마이크로포닉 잡음)에 강하다.

(2) 단 점

① 큰 신호전력(信號電力)을 취급하는 능력이 부족하다. 즉, 대전력용으로는 부적합하다.
② 역내전압이 낮다.
③ 온도 특성이 나쁘다. 즉, 주위 온도에 따라서 그 특성이 크게 변화하며 저마늄(Ge)은 25[℃]까지, 실리콘(Si)은 150[℃]까지 밖에 사용할 수 없다. 따라서 온도에 민감하여 열(熱)에 약하다.
④ 전기적 과부하(overload)에 의하여 손상(damage)되기 쉽다.
⑤ 고주파(high frequency) 특성이 나쁘다.
⑥ 마이크로포닉 잡음을 제외한 나머지 잡음이 많다.
⑦ 회로의 설계, 조정이 간단하지 않다.
그러나 이러한 결점은 점차 개선되어 가고 있다.

4) 전장효과 트랜지스터(Field Effect Transistor : FET)

(1) 접합형 전장효과 트랜지스터(JFET)

JFET(Junction Field Effective Transistor)의 기호는 그림 11-19와 같다.

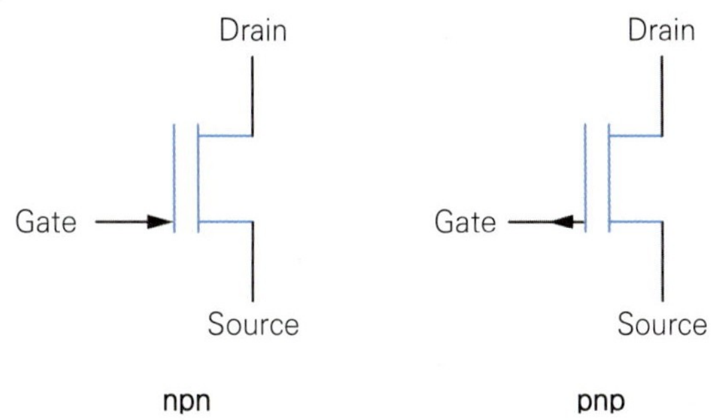

그림 11-19 접합형 전장효과 트랜지스터의 기호

JFET는 게이트에 전압을 인가해서 트랜지스터를 통해 흐르는 전류의 양을 제어한다. JFET는 전류를 사용하지 않고 전압을 사용하기 때문에 입력 임피던스가 매우 높고, 누설 전류가 매우 작다.

(2) 특 징

① 입력 임피던스가 높다(10^8~10^{12} kΩ).
② 잡음 특성이 우수하고 특히 저주파에 대한 특성이 매우 좋다.
③ 방사선 등의 조사에 대해서 비교적 영향을 받지 않는다.
④ 온도에 대한 안정도가 좋다.
⑤ 전력 이득이 저주파에서 훨씬 크다.

(3) 용 도

① 고주파 증폭기
② 저잡음 증폭기
③ 자동 증폭기 회로
④ 타이머 회로

5) MOS 전장효과 트랜지스터(MOSFET)

MOSFET(Metal Oxide Semiconductor Field Effective Transistor)의 기호는 그림 11-20과 같다. pn접합 구조인 JFET와 다르게 MOSFET의 게이트는 산화실리콘(SiO_2)층에 의해 채널과 격리되어져 있다.

MOSFET 구조는 게이트에 절연층을 만들어 줌으로써 +, - 중 어떠한 전압이 가해져도 전류가 흐를 수 없어 입력 임피던스가 매우 크게 된다.

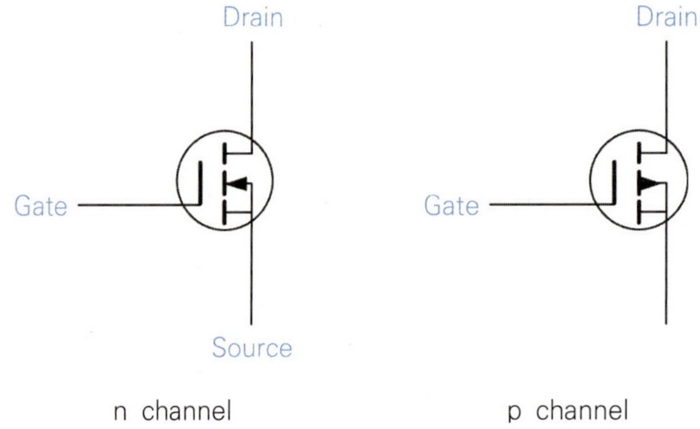

그림 11-20 MOS형 전장효과 트랜지스터의 기호

(1) MOSFET의 특성

① 입력 임피던스가 JFET보다 높다.

② 전류 제어기구가 반도체 표면 상태에 영향을 받기 쉬우므로 저주파에 대한 1/f 잡음에 상당하는 것이 접합형에 비해서 대단히 크다.

③ 게이트 전극과 채널 사이에 있는 산화막은 비교적 파괴전압이 낮고 항상 용이하게 발생하는 정전 전압으로 간단하게 파괴해 버린다. 이 때문에 어떠한 방법으로든 게이트 산화막을 보호할 필요가 있다.

④ MOSFET가 정밀 제어가 가능하기 때문에 비교적 높은 주파수에 사용하는 FET를 만들기 쉽다.

(2) 용 도

① 고주파 증폭기 ② 저주파 증폭기 ③ 제어회로

진성 반도체에 불순물을 첨가하여 p형과 n형 반도체를 만들 수 있다. 이러한 p형과 n형 반도체를 접합하여 만들어진 다이오드(diode)와 트랜지스터(transistor)는 대표적인 pn접합 반도체 소자들이다. 이와 같이 pn접합에 따라 반도체 소자를 분류하면 다음과 같다. 접합면이 없는 무접합 반도체 소자로는 서미스터, 광도전 셀 등이 있고, 접합면이 1개인 다이오드, 이중 접합면을 가지고 있는 트랜지스터, 3개 이상의 다중 접합면을 가지고 있는 사이리스터 등이 있다.

3. 서미스터(Thermistor)

온도에 따라 반도체 물질의 저항이 변화하는 성질을 이용한 저항기의 일종이다. 열가변 저항기라고도 하며, 주로 회로의 전류가 일정 이상으로 오르는 것을 방지하거나, 회로의 온도를 감지하는 센서로 이용되고 있다. 서미스터는 온도 변화에 따라 저항의 변화가 크고, 반도체소자이므로 대량생산이 가능하다.

1) 소자의 특성

소형이며 응답속도가 빠르고, 외부 영향을 덜 받으며, 정밀한 온도 측정이 가능하다. 하지만 측정 가능한 온도 범위가 좁고, 각 소자마다 특성의 변화폭이 크다. 출력 특성이 비선형적이라 부가회로가 필요하며, 호환성이 좋지 못하다. 전기저항의 온도계수가 부(Negative)인 NTC(Negative Temperature Coefficient)와 정(Postive)인 PTC(Postive Temperature Coefficient)가 있고, 온도가 특정 범위에서만 급격하게 저항값의 변화를 보이는 CTR(Critical temperature resistor)이 있다. 그림 11-21은 서미스터의 기호와 온도 특성을 나타내었다.

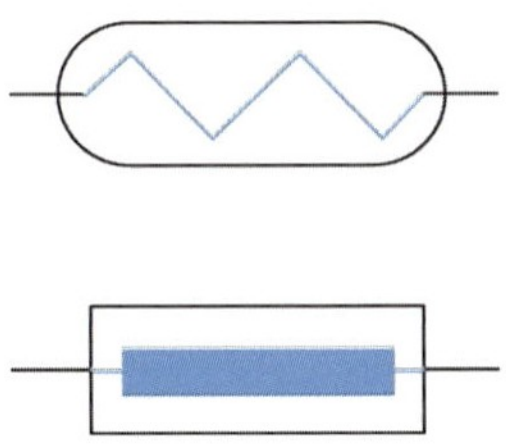

(a) 서미스터 기호

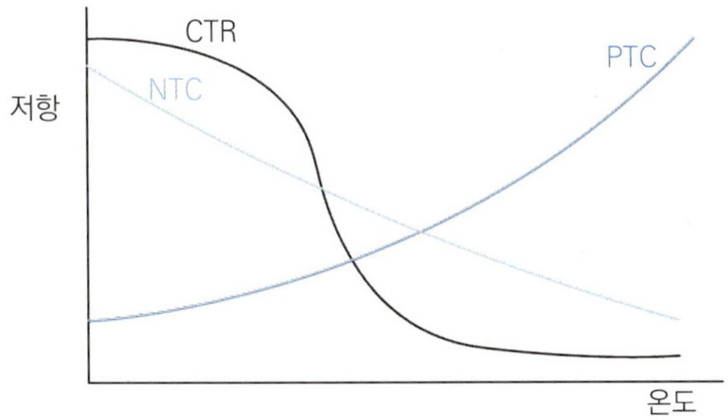

(b) 온도 특성곡선

그림 11-21 서미스터 기호 및 온도특성 곡선

4. CdS 광도전 셀(CdS Photo Conductive Cells)

CdS 광도전 셀은 황화 카드뮴을 주성분으로 하는 광도전 소자의 일종이다. 빛의 세기에 따라 내부 저항이 변화하는 저항기이다. CdS에 빛을 비추면 빛에너지가 결합을 하고 있던 전자에 부여되며 이때 에너지를 받은 전자는 속도가 빨라지기 때문에 궤도를 이탈하여 자유전자가 된다. 따라서 빛을 많이 쪼여 줄수록 자유전자가 증가하여 저항이 감소되므로 CdS 양단에 전압을 공급하고 있을 때에는 광량에 비례하여 전류가 증가한다.

빛을 비추어 주지 않고 있을 때에는 CdS가 반도체인 만큼 극히 적은 전류가 흐르는데 이때의 전류를 암전류라 한다(빛을 비추어 흐르는 전류는 광전류라 함).

1) 소자의 특성

광도전 소자 중에는 적외선에만 작용하는 것, 자외선에만 작용하는 것 등 여러 가지가 있으나 그 중에서도 CdS는 가시광선에 대해서 대단히 민감하며 감도가 높은 편이므로 빛 검출용으로 널리 이용되고 있다.

2) 소자의 응용

CdS 광도전 소자는 TV 수상기의 ABC(Automatic brightness control) 회로(주위 환경이 밝을수록 자동적으로 화면의 배경을 밝아지도록 하는 자동 휘도 조정회로)에 이용할 뿐만 아니라, 자동점멸기(자동적으로 주위가 어두워지면 등을 켜놓고 밝아지면 소등시키는 장치)를 비롯한 각종 자동제어 회로나 광통신에 이용되고 있다.

트랜지스터 증폭회로의 바이어스 저항(R_b)대신에 CdS 광도전 소자를 연결해 두면 트랜지스터의 출력 회로에서 광량에 비례한 큰 전류를 얻을 수가 있으므로 원하는 조건에 맞추어 임의로 이용할 수가 있다(직결합 회로를 구성해야 함). 용도는 광전 변환장치와 노출계 등에 사용된다.

5. 사이리스터(Thyristor)

사이리스터란 p-n-p-n접합의 4층 구조 반도체 소자의 총칭으로서, 역저지 사이리스터, 역도통 사이리스터, 트라이액이 있다. 일반적으로 SCR(Silicon-Controlled Rectifier Thyristor)은 역저지 3단자 사이리스터를 가리키며, 실리콘 제어 정류기를 말한다.

사이리스터는 3개 이상의 pn접합을 1개의 반도체기판 내에 형성함으로서 전류가 흐르지 않는 오프 상태와 전류가 흐를 수 있는 온 상태의 2개의 안정된 상태가 있다. 오프 상태에서 온 상태로 또는 온 상태에서 오프 상태로 이행이 가능한 반도체 소자이다. 사이리스터는 일반적으로 전력용 트랜지스터에 비해 고내압에서 우수한 특성을 나타낸다.

사이리스터는 SCR, 다이액(Diac), 트라이액(Triac)이 있다. SCR은 3극 단방향 사이리스터, 다이액은 2극 쌍방향 사이리스터, 트라이액은 3극 쌍방향 사이리스터를 말한다. 일반적으로 사용되는 SCR이나 다이액, 트라이액이라는 명칭은 상품명을 말한다.

1) SCR(Silicon-Controlled Rectifier Thyristor)

그림 11-22와 같이 A, K, G는 각각 애노드(Anode), 캐소드(Cathode), 게이트(Gate)가 있고, 전류는 항상 애노드에서 캐소드로 흐른다.

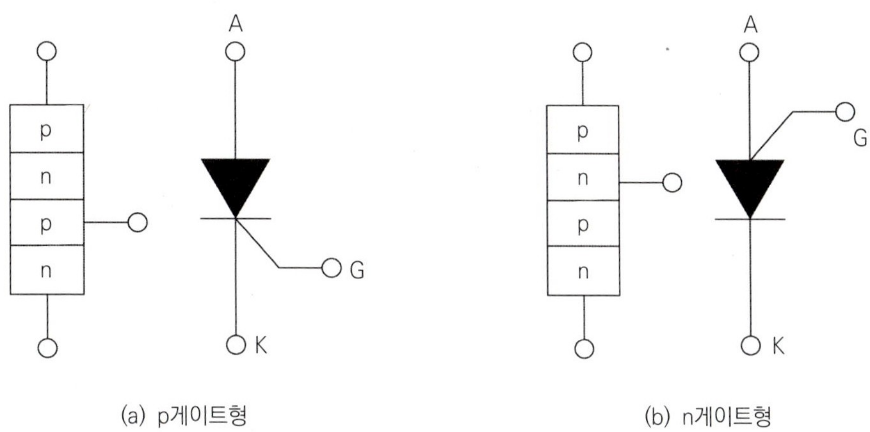

그림 11-22 SCR 사이리스터 구조 및 기호

SCR은 반도체 스위치의 일종이다. SCR의 애노드(A)와 캐소드(K) 사이를 부하와 순방향의 전원을 인가해주고, 게이트(G)와 캐소트(K)간에 순간적으로 전류를 흘려 보내주면 SCR을 지속적으로 On상태를 유지할 수 있다. 게이트(G)에 미세한 전류만 흘러도 SCR은 전기가 통하게 된다. 그림 11-23에서 전구의 불을 끄려면 스위치의 경우는 스위치를 내리면 되지만, SCR는 일단 도통이 되면 게이트에 의해 전구의 불을 끌 수 없고 전원공급을 중단 시켜야만 불을 끌 수 있다. 교류전류에서는 자동으로 SCR이 OFF 되지만, 직류전류에서는 SCR을 OFF 시키기 위해서는 추가적인 방법을 사용 해야만 한다.

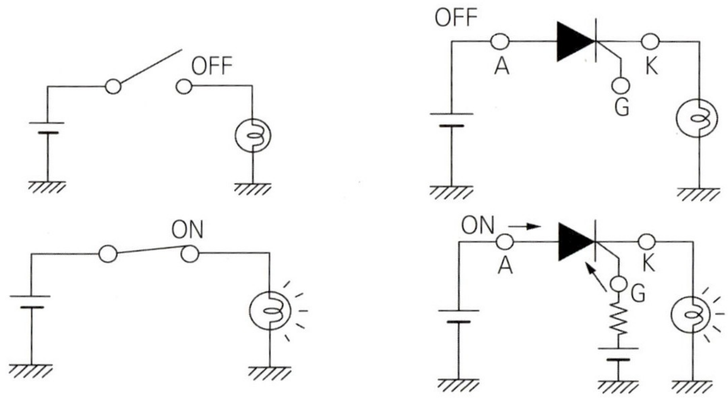

그림 11-23 스위치와 SCR 사이리스터

2) 다이액(Diac)

다이액은 그림 11-24와 같이 pnpn 반도체 층이 양방향으로 결합되어 양방향으로 전류를 흘릴 수 있는 2단자 소자이다. 캐소드가 없는 대신 애노드1과 애노드2가 있다. 다이액은 두 단자의 극성에 상관없이 다이액 양단의 전압이 일정 전압(브레이크오버 전압)에 도달하면 도통되고 전류가 유지전류 이하로 떨어지면 단락된다. 도통된 다이액의 전류방향은 인가된 전압의 극성에 따라 결정된다.

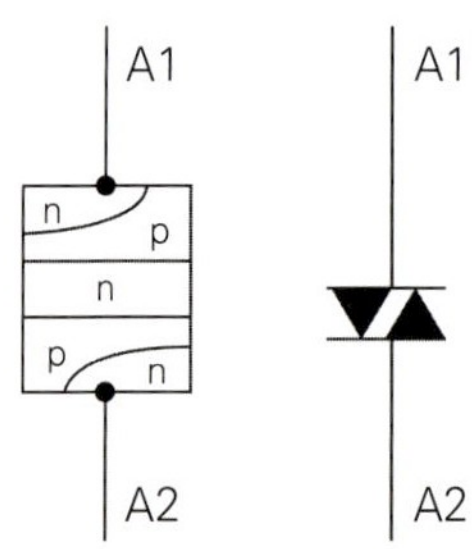

그림 11-24 다이액의 구조와 기호

3) 트라이액(Triac)

트라이액은 3단자 교류 스위치를 말하며 쌍방향 3단자 제어 정류소자를 말한다. 그림 11-25는 트라이액의 구조와 기호를 나타내었다.

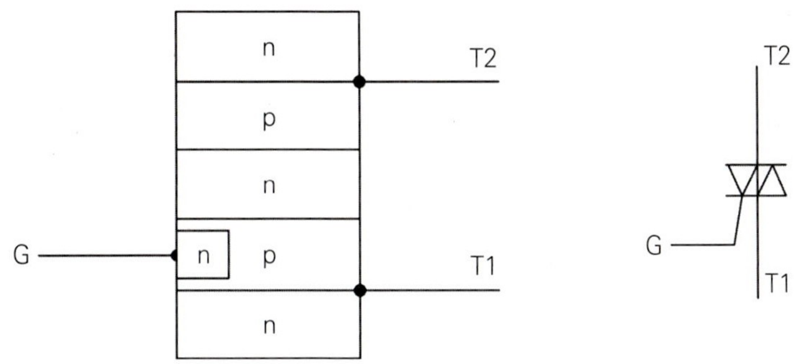

그림 11-25 트라이액의 구조와 기호

부록

1. 그리스 문자표

대문자	소문자	읽는법		발 음	대문자	소문자	읽는법		발 음
A	α	alpha	알파	ælphə	N	ν	nu	뉴	nju:
B	β	beta	베타	beitə	Ξ	ξ	ksi	크사이	ksai
Γ	γ	gamma	감마	gæmə	O	ο	omikron	오미크론	oumaiklən
Δ	δ	delta	델타	deltə	Π	π	pi	파이	pai
E	ε	epsilon	입실론	epsailən	P	ρ	rho	로	rou
Z	ζ	zeta	제타	zi:tə	Σ	σ	sigma	시그마	sigmə
H	η	eta	이타	i:tə	T	τ	tau	타우	tau
Θ	θ	theta	세타	θi:tə	Υ	υ	upsilon	웁시론	jup:sailən
I	ι	iota	이오타	aioutə	Φ	φ	phi	피	fai
K	κ	kappa	카파	kæpə	X	χ	khi	카이	kai
Λ	λ	lambda	람다	læmdə	Ψ	ψ	psi	프사이	psai
M	μ	mu	뮤	mju:	Ω	ω	omega	오메가	oumegə

2. 단위의 배수

크 기	명 칭		기 호	크 기	명 칭		기 호
10^{24}	요타	yotta	Y	10^{-1}	데시	deci	d
10^{21}	제타	zetta	Z	10^{-2}	센티	centi	c
10^{18}	엑사	exa	E	10^{-3}	밀리	milli	m
10^{15}	페타	petta	P	10^{-6}	마이크로	micro	μ
10^{12}	테라	tera	T	10^{-9}	나노	nano	n
10^{9}	기가	giga	G	10^{-12}	피코	pico	p
10^{6}	메가	mega	M	10^{-15}	펨토	femto	f
10^{3}	킬로	kilo	k	10^{-18}	아토	atto	a
10^{2}	헥토	hecto	h	10^{-21}	젭토	zepto	z
10	데카	deca	da	10^{-24}	욕토	yocto	y

3. 주요 상수의 수값표

상 수	수 값	상 수	수 값
$\sqrt{2}$	1.41421 35624	$\frac{1}{2\pi}$	0.15915 49431
$\frac{1}{\sqrt{2}}$	0.70710 67812	π^2	9.86960 44011
$\sqrt{3}$	1.73205 08076	$\frac{1}{\pi^2}$	0.10132 11836
$\frac{1}{\sqrt{3}}$	0.57735 02692	$\sqrt{\pi}$	1.77245 38509
$\frac{\sqrt{3}}{2}$	0.86602 54038	$\frac{1}{\sqrt{\pi}}$	0.56418 95835
π	3.14159 26536	$\frac{180}{\pi}$	57.29577 95128
$\frac{\pi}{2}$	1.57079 63268	(= 1 rad)	
$\frac{1}{\pi}$	0.31830 98862	e	2.71828 18285

4. 물리 정수표

명 칭	기 호	수 치
전자파(광)의 속도	c	2.997925×10^{8}[m/s]
전자의 정지질량	m	9.10955×10^{-3}[kg]
양자의 질량	m_p	1.67252×10^{-27}[kg]
Avogadro 상수	N_a	6.02216×10^{23}[$mole^{-1}$]
Boltzmann 상수	κ	1.38062×10^{-23}[$J \cdot deg^{-1}$]
중력의 가속도	g	9.80665[m/s^2]
진공의 유전율	ε_0	$\frac{65^7}{4\pi c^2} = 8.85419 \times 10^{-23}$[$J \cdot deg^{-1}$]
진공의 투자율	μ_0	$4\pi \times 10^{-7} = 1.256637 \times 10^{-6}$
전자의 전하	e	-1.60219×10^{-19}[C]
Planck 상수	h	6.62619×10^{-34}[$J \cdot s$]

5. MKS 단위와 CGS 단위의 관계

양		MKS 단위	CGS 전자단위	CGS 정전단위
역학적양	길이	1[m]	$=10^2$[cm]	$=10^2$[cm]
	질량	1[kg]	$=10^3$[g]	$=10^3$[g]
	시간	1[s]	=1[s]	=1[s]
	힘	1[N]	$=10^5$[dyne]	$=10^5$[dyne]
	일	1[J]	$=10^7$[erg]	$=10^7$[erg]
	전력	1[W]	$=10^7$[erg/s]	$=10^7$[erg/s]
전기적양	기전력, 전위	1[V]	$=10^8$[e.m.u]	$=1/(3\times10^2)$[e.s.u]
	전계의 세기	1[V/m]	$=10^6$[e.m.u]	$=1/(3\times10^4)$[e.s.u]
	전류	1[A]	$=10^{-1}$[e.m.u]	$=3\times10^9$[e.s.u]
	전류밀도	$1[A/m^2]$	$=10^{-5}$[e.m.u]	$=8\times10^5$[e.s.u]
	저항	1[Ω]	$=10^9$[e.m.u]	$=1/(9\times10^{11})$[e.s.u]
	고유저항	1[Ω·m]	$=10^{11}$[e.m.u]	$=1/(9\times10^9)$[e.s.u]
	컨덕턴스	1[℧]	$=10^{-9}$[e.m.u]	$=9\times10^{11}$[e.s.u]
	전기량	1[C]	$=10^{-1}$[e.m.u]	$=3\times10^9$[e.s.u]
	유전속	1[C]	$=4\pi/10$[e.m.u]	$=4\pi\times3\times10^9$[e.s.u]
	유전속밀도	$1[C/m^2]$	$=4\pi/10^5$[e.m.u]	$=4\pi\times3\times10^5$[e.s.u]
	정전용량	1[F]	$=10^{-9}$[e.m.u]	$=9\times10^{11}$[e.s.u]
	유전율	1[F/m]	$=4\pi/10^{11}$[e.m.u]	$=4\pi\times9\times10^9$[e.s.u]
자기적양	기자력, 자위	1[AT]	$=4\pi/10$[gilbert]	$=4\pi\times3\times10^9$[e.s.u]
	자계의 세기	1[AT/m]	$=4\pi/10^3$[oersted]	$=4\pi\times3\times10^7$[e.s.u]
	자속	1[Wb]	$=10^3$[maxwell]	$=1/(3\times10^2)$[e.s.u]
	자속밀도	$1[Wb/m^2]=1[T]$	$=10^4$[gauss]	$=1/(3\times10^6)$[e.s.u]
	인덕턴스	1[H]	$=10^9$[e.m.u]	$=1/(9\times10^{11})$[e.s.u]
	자기저항	1[AT/Wb]	$=4\pi/10^9$[e.m.u]	$=4\pi\times9\times10^{11}$[e.s.u]
	투자율	1[H/m]	$=10^7/(4\pi)^2$[e.m.u]	$=1/(4\pi\times9\times10^{13})$[e.s.u]

6. 수학 공식

1) 2차 방정식

2차 방정식 $ax^2+bx+c=0\,(a\neq 0)$의 근은

$$x=\frac{-b\pm\sqrt{b^2-4ac}}{2a}$$

2) 대수공식

(1) $\log_a AB=\log_a A+\log_a B$

(2) $\log_a \dfrac{A}{B}=\log_a A-\log_a B$

(3) $\log_a A^n=n\cdot\log_a A$

(4) $\log_a \sqrt[n]{A}=\dfrac{1}{n}log_a A$

(5) $\log_x y=\dfrac{\log_a y}{\log_a x}$

(6) $\log_{10} e=0.43429$

(7) $\log_e 10=2.302585$

3) 삼각공식

(1) $\tan\alpha=\dfrac{\sin\alpha}{\cos\alpha}$

(2) $\sin^2\alpha+\cos^2\alpha=1$

(3) $1+\tan^2\alpha=\sec^2\alpha$

(4) $\sin(\alpha\pm\beta)=\sin\alpha\cos\beta\pm\cos\alpha\sin\beta$

(5) $\cos(\alpha\pm\beta)=\cos\alpha\cos\beta\mp\sin\alpha\sin\beta$

(6) $\tan(\alpha\pm\beta)=\dfrac{\tan\alpha\pm\tan\beta}{1\mp\tan\alpha\tan\beta}$

(7) $\sin\alpha+\sin\beta=2\sin\left(\dfrac{\alpha+\beta}{2}\right)\cos\left(\dfrac{\alpha-\beta}{2}\right)$

(8) $\sin\alpha - \sin\beta = 2\cos\left(\frac{\alpha+\beta}{2}\right)\sin\left(\frac{\alpha-\beta}{2}\right)$

(9) $\cos\alpha + \cos\beta = 2\cos\left(\frac{\alpha+\beta}{2}\right)\cos\left(\frac{\alpha-\beta}{2}\right)$

(10) $\cos\alpha - \cos\beta = -2\sin\left(\frac{\alpha+\beta}{2}\right)\sin\left(\frac{\alpha-\beta}{2}\right)$

(11) $\sin\alpha\cos\beta = \frac{1}{2}\{\sin(\alpha+\beta)+\sin(\alpha-\beta)\}$

(12) $\sin\alpha\sin\beta = \frac{1}{2}\{\cos(\alpha-\beta)-\cos(\alpha+\beta)\}$

(13) $\cos\alpha\cos\beta = \frac{1}{2}\{\cos(\alpha+\beta)+\cos(\alpha-\beta)\}$

(14) $\sin\alpha = 2\sin\frac{\alpha}{2}\cos\frac{\alpha}{2}$

(15) $\cos\alpha = \cos^2\frac{\alpha}{2} - \sin^2\frac{\alpha}{2}$

(16) $\sin 2\alpha = 2\sin\alpha\cos\alpha$

(17) $\cos 2\alpha = \cos^2\alpha - \sin^2\alpha = 1 - 2\sin^2\alpha = 2\cos^2\alpha - 1$

(18) $\sin\left(\alpha + \frac{\pi}{2}\right) = \cos\alpha$

(19) $\cos\left(\alpha + \frac{\pi}{2}\right) = -\sin\alpha$

(20) $\tan(\alpha \pm \frac{\pi}{2}) = -\cot\alpha$

(21) $A\sin\alpha + B\cos\alpha = \sqrt{A^2+B^2}\sin(\alpha+\phi) \quad \phi = \tan^{-1}\frac{B}{A}$

(22) $A\cos\alpha + B\sin\alpha = \sqrt{A^2+B^2}\cos(\alpha-\phi) \quad \phi = \tan^{-1}\frac{B}{A}$

7. 주파수 스펙트럼

대역의 구분	하한		상한	
	주파수	파장	주파수	파장
Audio Freq, 가청대역(AF)	20[Hz]	-	20[kHz]	-
Very Low Freq(VLF)	3[kHz]	100[km]	30[kHz]	10[km]
Low Freq(LF)	30[kHz]	10[km]	300[kHz]	1[km]
Medium Freq(MF)	300[kHz]	1[km]	3[MHz]	100[m]
High Freq(HF)	3[MHz]	100[m]	30[MHz]	10[m]
Very High Freq(VHF)	30[MHz]	10[m]	300[MHz]	1[m]
Ultra High Freq(UHF)	300[MHz]	1[m]	3[GHz]	10[cm]
Super High Freq(SHF)	3[GHz]	10[cm]	30[GHz]	1[cm]
Extremely High Freq(EHF)	30[GHz]	1[cm]	300[GHz]	0.1[cm]
	300[GHz]	0.1[cm]	3000[GHz]	0.1[mm]
적외선(Infrared Ray)	1000[GHz]	300[μm]	10^5[GHz]	
가시광선(Light of Visible)	-	1[μm]	-	
적색	-	1[μm]	-	
주황색	-	0.69[μm]	-	
황색	-	0.62[μm]	-	
녹색	-	0.57[μm]	-	
청색	-	0.52[μm]	-	
자색	-	0.47[μm]	-	
자외선(Ultraviolet Ray)	-	0.3[μm]	-	
X선(X ray)	-	10^{-3}[μm]	-	
감마선(Gamma Ray)	-	10^{-6}[μm]	-	
우주선(Cosmic ray)	-	10^{-7}[μm]	-	

8. 전기기호와 기능

1) 전 류

명 칭	기 호	기 능
직류	—	예) 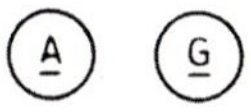
교류	∿	예) 
고주파	(a) (b) 	음성주파를 나타낼 경우  전력용주파를 나타낼 경우 ∼

2) 도선 및 접속

명 칭	기 호	기 능
도선	——	① 전선 및 모선등에 널리 쓰인다. ② 필요에 따라 굵기를 구별한다. ③ 도체에 가닥수를 명시할 때는 다음과 같이 나타낼 수 있다. ⓐ 2개일 때  ⓑ 3개일 때  ⓒ n개일 때 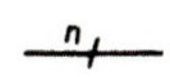
속선		① 사선 부분을 원호로 해도 된다. ② 꺽인 것은 배선의 방향을 나타낸다.
연결선		① ○의 가운데에 대조 번호를 기입한다. ② ○번호가 불필요할 때는 ○를 생략한다.
단자	(a) ● (b) ∘	한지형 가동접점을 이 단자 위에 나타낼 경우는 한지쪽 단자(a)로 표시하고 다른 것은 (b)로 표시해도 된다.

명 칭	기 호	기 능
도선의 분기	(a)  (b) 	
도선의 교차 (접속할 때)		아래 그림과 같이 해도 된다. 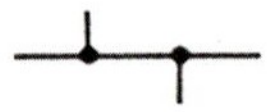
도선의 교차 (접속하지 않을때)		
접지		
걸상자에 접속		틀릴 염려가 없을 경우는 사선을 생략해도 된다.

3) 가 변

명 칭	기 호	기 능
가변을 나타내는 일반기호		
비선형 가변		
프리세트조정		
연속가변	(a) 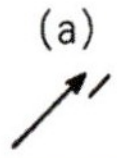 (b) 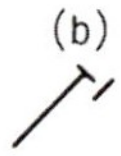	
스텝가변	(a) 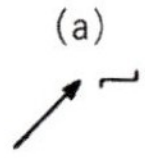 (b) 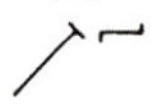	스텝의 수를 명시할 경우는 아래 예와 같이 표시해도 좋다.  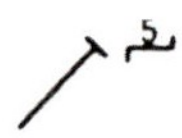

4) 연 동

명 칭	기 호	기 능
연동을 나타내는 일반기호	(a) ---- (b) ══	① 연동 가변 정전용량 또는 콘덴서 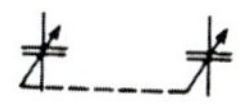 ② 연동 가변 저항 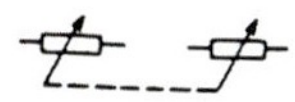 ③ 기계적인 결합 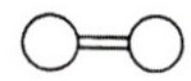

5) 저항, 인덕턴스 및 컨덴서

명 칭	기 호	기 능
저항 또는 저항기	(a) 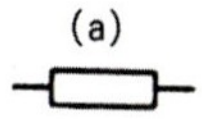 (b)  (c) 	① (b), (c)에서 특히 필요한 경우는 산(山)의 수를 바꿀 수 있다. ② (c)는 특히 무유도를 나타낼 경우 쓴다.
가변저항 또는 가변 저항기 일반	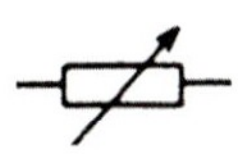	 이 기호를 사용해도 된다.
연속가변 저항 또는 연속 가변저항기	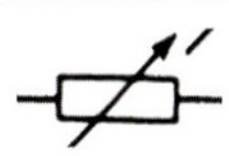	
스텝가변 저항 또는 스텝 가변 저항기	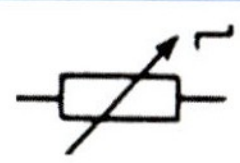	
프리세트 저항 또는 프리세트 저항기	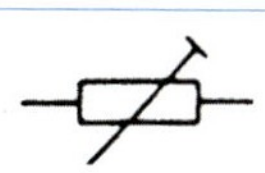	
가동접점이 있는 저항 또는 가동접점이 있는 저항기	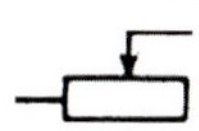	
연속가변가동 접점이 있는 저항 또는 연속가변 가동접점이 있는 저항기	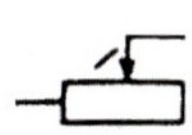	

명 칭	기 호	기 능
스텝가변 가동접점이 있는 저항 또는 스텝가변 가동접점이 있는 저항기	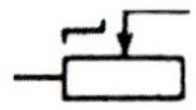	
가동접점이 있는 분압기	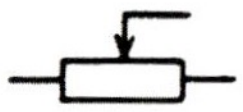	
텝이 있는 저항기	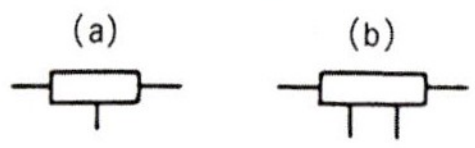	
인덕턴스 또는 리엑터	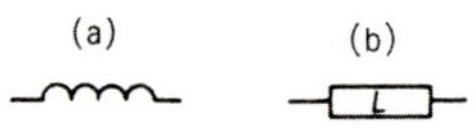	① (a)에서 특히 필요할 경우는 산(山)의 수를 바꿀 수 있다. ② 차페와 혼동할 염려가 없을 경우는 더스트코어를 아래와 같이 표시해도 된다. 
권선 또는 코일		① 특히 필요한 경우는 산의 수를 바꿀 수 있다. ② (2)는 저항과 혼동할 염려가 없을 경우 권선 도는 코일을 표시하는데 사용해도 된다. ③ 전력용 부문에서 코일을 나타낼 경우는 아래 그림과 같이 써도 된다. 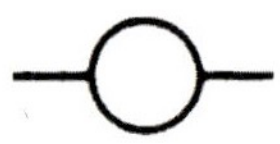 ④ 특히 철심이 들어 있다는 것을 나타낼 필요가 있을 경우는 아래 그림과 같이 표시한다. 
가변 인덕턴스	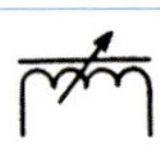	특히 철심이 들어있는 경우를 나타낸다.
연속 프리세트 가변 인덕턴스		
스텝가변 인덕턴스		

명 칭	기 호	기 능
탭이 있는 인덕턴스		
상호 인덕턴스 또는 변압기	(1) (2) 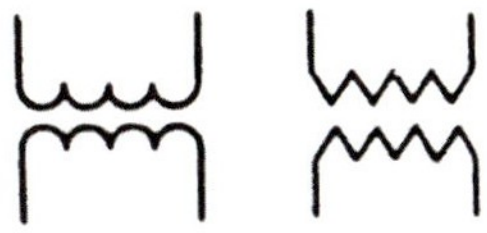	① 특히 필요할 경우는 산의 수를 바꿀 수 있다. ② 특히 철심이 들어있는 것을 표시할 경우는 다음과 같이 나타낸다. 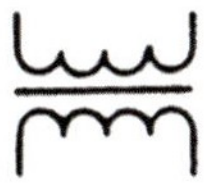 ③ (2)는 변압기를 나타내는 경우에 한하여 사용해도 좋다. ④ 특히 차폐를 나타낼 필요가 있을 경우 다음과 같이 표시한다. 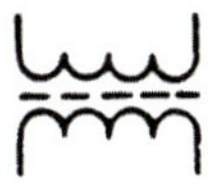
가변상호 인덕턴스		
정전용량 또는 콘덴서	(a) (b) 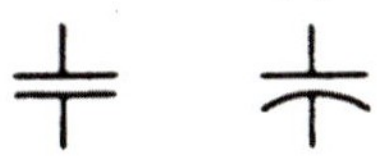	① 양극의 간격은 극의 길이의 1/5~1/3로 한다. ② (b)에서 전극을 구별하여 사용할 경우는 원호 전극은 다음과 같이 표시한다. ⓐ 고정지 또는 세라믹 콘덴서에 서는 바깥쪽 전극 ⓑ 가변 콘덴서에서는 가동 전극 ⓒ 관통형 콘덴서에서는 낮은 전위쪽
콘덴서 (유극성)	(a) (b) 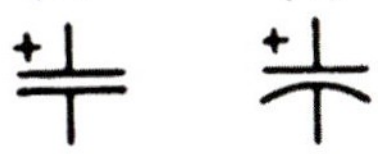	특히 전해 콘덴서를 나타낼 경우는 아래에 나타낸「전해 콘덴서(유극성)」을 적용한다.
전해콘덴서 (무극성)	(1−a) (1−b) (2) 	(2)에서 전해 콘덴서라는 것이 명확할 경우는 사선을 생략해도 좋다.

명 칭	기 호	기 능
전해 콘덴서 (유극성)	(1-a)  (1-b)  (2) 	
관통형 콘덴서	(a)  (b) 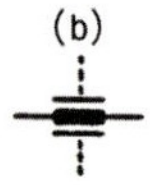 (c) 	
가변정전용량 또는 콘덴서	(a)  (b) 	① 특히 로터를 구별할 필요가 있을 경우는 다음과 같이 한다.  ② 특히 가변 평형형 콘덴서를 나타낼 경우는 다음 기호를 쓴다. 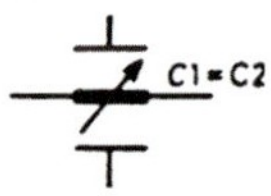 ③ 특히 가변 차동 정전용량 또는 콘덴서를 나타낼 경우 다음과 같이 한다. 
반고정 콘덴서		
임피던스	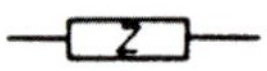	
가변임피던스	(a)  (b) 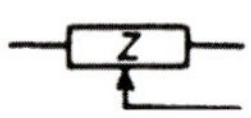	

6) 전원 및 장치

명 칭	기 호	기 능
이상 전압원		
이상 전류원		
전지 또는 직류 전원	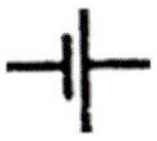	① 극성은 긴선을 양극, 짧은 선을 음극으로 한다. ② 혼동하기 쉬울 경우는 다음과 같이 표시해도 된다. 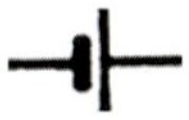 ③ 다수를 연결할 경우는 다음과 같이 표시한다. (a)  (b) 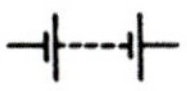 ④ 탭이 있을 경우는 다음과 같이 한다. 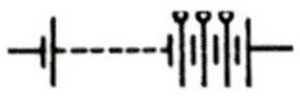 ⑤ 가변 전압의 경우는 다음과 같이 한다. 
정류 기능 및 정류기	(a) 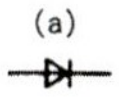 (b) 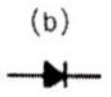	① 화살표는 정3각형으로 하여 전류가 흐르는 방향을 나타낸다. ② 다이오드를 나타낼 경우는 ○으로 둘러싸도 된다.
교류직원		상수, 주파수 및 전압을 표시하는 예는 다음과 같다. 예) ① 3~50Hz ② 3~50Hz 200V
전원 플러그	(a) 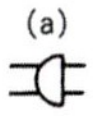 (b) 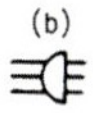	① (a)는 2극을 나타낸다. ② (b)는 3극을 나타낸다.

명 칭	기 호	기 능
회전기		① ○안에 종류를 나타내는 기호를 기입한다. 예) 발전기 전동기  발전 전동기  (가역형) ② 특히 교류와 직류의 구별이 필요할 경우는 다음과 같이 한다. 교류일 때 직류일 때 
기기 또는 장치	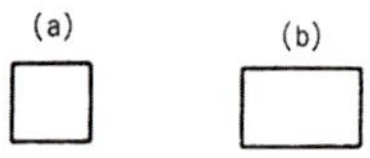	교류인 경우 직류인 경우 □ 안에 종류를 나타내는 문자 또는 기호를 기입한다.
차폐		예) 

7) 개폐기류

명 칭	기 호	기 능
개폐기	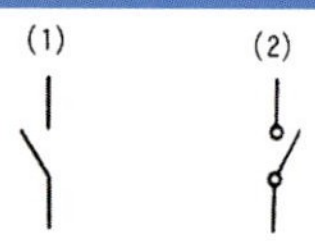	
변환개폐기	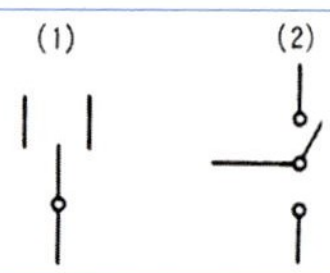	
회전개폐기 (로터리스위치)	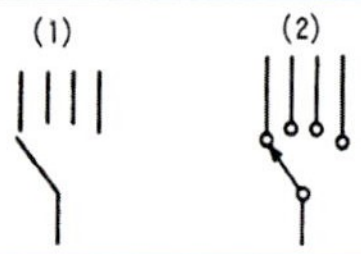	
절편로터리 스위치	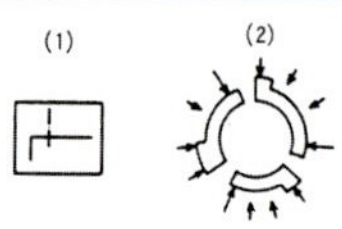	① 절편의 모양은 한 예를 나타낸 것이다. ② 스위치의 변환 접점(화살표)의 위치는 변환을 개시하는 접점 위치로 한다.

8) 계측기 및 열전대

명 칭	기 호	기 능
계기		① ○안에 종류를 나타내는 문자 또는 기호를 기입한다. 전압계 Ⓥ 전류계 Ⓐ 전력계 Ⓦ ② 특히 직류, 교류, 고주파를 구별할 경우의 기호는 이 예와 같이 쓴다. 
기록계		
적산계		
열전대	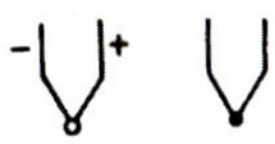	① 특히 직열형 열전대를 나타낼 경우는 아래와 같다.  ② 특히 방열형 열전대를 나타낼 경우는 아래와 같다.  ③ 특히 진공 직열형 열전대를 나타낼 경우는 아래와 같다. 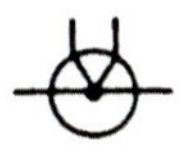 ④ 특히 진공방열형 열전대를 나타낼 경우는 아래와 같다.  ⑤ 극성을 나타낼 필요가 있을 경우는 옆에 "+", "-"를 기입하거나 또는 -쪽을 굵은 선으로 사용한다. 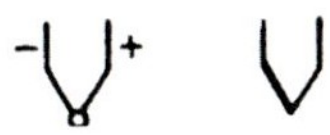 ⑥ 히터를 나타낼 경우는 다음 기호를 사용해도 된다. 

9) 보호 장치 및 램프

명 칭	기 호	기 능
방전 캡		3점 캡은 다음과 같이 나타낸다. 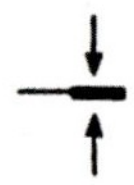
피뢰기		
퓨즈	(1)  (2) 	① 전원쪽을 굵은 선으로 나타내도 된다. 
경보퓨즈	(1)  (2) 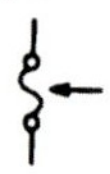	② (2)는 개방형을 나타낸다.
램프	(1) 	(1)의 적용 ① 색을 명시할 경우는 컬러 코드에 의한 기호를 옆에 기입한다. C2-적 C5-녹 C3-황적 C6-청 C4-황 C9-백 ② 종류를 명시할 경우 다음 기호를 옆에 기입한다. Ne-네온 EL-일레트로 루미에센스Xe-크세논 Na-나트륨 ARC-아크 Hg-수온 FL-형광 I-옥소 IR-저괴 IN-백열 UV-자외
램프	(2) 	(2)의 적용 특히 색을 구별할 경우 다음 예와 같이 하고 아래 그림과 같이 기입한다. 예) 적 : RL 황적 : OL 황 : YL 녹 : GL 청 : BL 백 : WL 투명 : TC RL 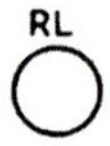

9. 전자기호와 기능

1) 반도체 소자 응용례

명 칭	기 호	기 능
다이오드	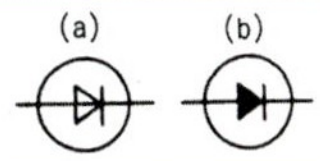	혼란의 염려가 없을 경우 원을 생략해도 된다.
열응동의 온도 의존성다이오드	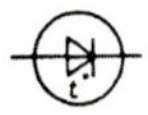	
가변용량 다이오드	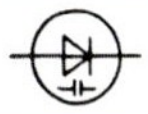	
터널다이오드	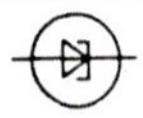	
1방향성강상 다이오드 (정전압 다이오드)	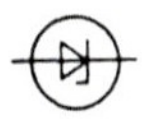	
쌍방향성 강상 다이오드 (쌍방향성 정전압 다이오드)	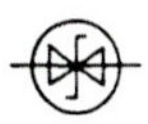	
역방향 다이오드	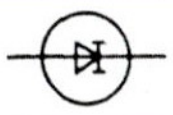	
3극사이리스트(일반)	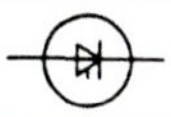	
대칭형 도전 특성 광도전셀	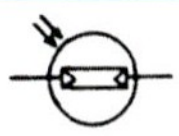	
비대칭형도전특성 광도전셀	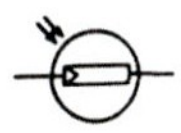	
포토다이오드	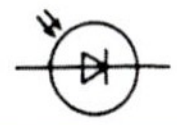	
발광 다이오드	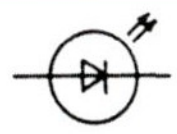	
광전지	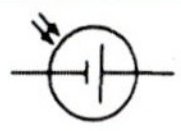	
홀소자	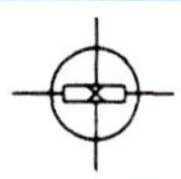	4개의 저항성 접속을 가진 홀 소자를 나타낸다.
PNP 포토트랜지스터	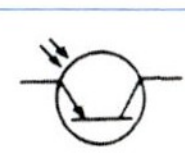	
포토커플러		

명 칭	기 호	기 능
4극NPN트랜지스터 (더블베이스트랜지스터)	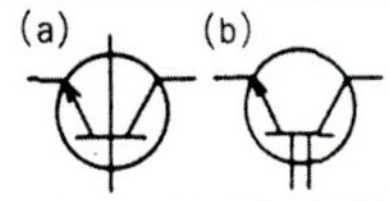	
전성영역에서 저항성 접속을 가진 PNP트랜지스터		
전성영역에 저항성 접속을 가지 PNIN트랜지스터		
쌍방향다이오드 (대칭사이리스터)	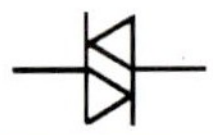	
2극역전도 사이리스트	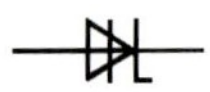	
2극 쌍방향 사이리스트	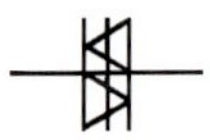	SSS라고도 한다.
3극 턴오프 사이리스터 (N 게이트)	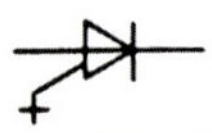	애노드쪽을 제어한다.
3극 턴오프 사이리스터 (P 게이트)	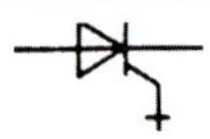	캐소드쪽을 제어한다.
4극 역저지 사이리스터	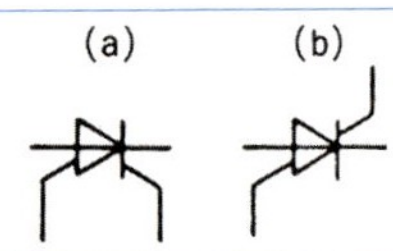	
3극 쌍방향 사이리스터	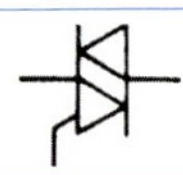	TRIAC라고도 한다.
3극 역전도 사이리스터 (N 게이트)	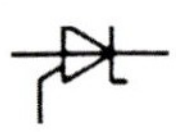	애노드쪽을 제어한다.
3극 역전도 사이리스터 (P 게이트)	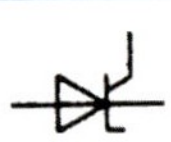	캐소드쪽을 제어한다.
PNPN다이오드		① 2극 역저지 사이리스터 또는 쇼크레이 다이오드라고 한다. ② 필요할 경우는 이 기호를 쓴다.
PNP 트랜지스트	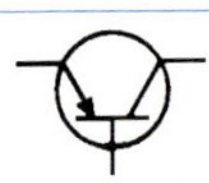	
NPN 트랜지스터	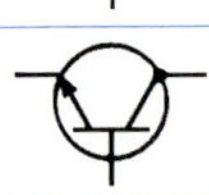	· 표는 컬렉터가 비싼 용기에 접속되어 있는 것을 나타낸다.

명 칭	기 호	기 능
NPN 트랜지스터 단접합	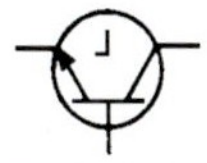	
단접합 트랜지스터 (P형 베이스)		
단접합 트랜지스터 (N형 베이스)		
접합형 전계 효과 트랜지스터 (N형 채널)	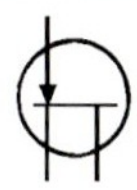	단자 명칭은 아래 그림과 같이 한다.
접합형 전계 효과 트랜지스터 (P형 채널)		
3극 PNPN 스위치 (N 게이트)	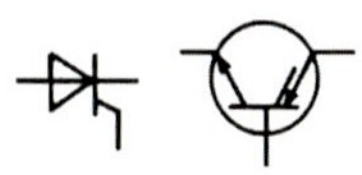	① 3극 역저지 사이리스터(N게이트) 라고도 한다. ② 애노드쪽을 제어한다.
3극 NPNP 스위치 (P게이트)	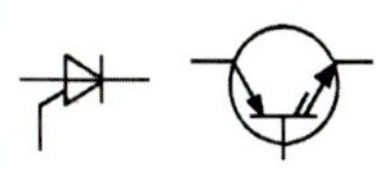	① 3극 역저지 사이리스터(P게이트) 락도 한다. ② 캐소트쪽을 제어한다.
절연 게이트, 인한스먼트형 전계효과 트랜지스터 (단 게이트, P형 채널)		① 서브 스트레이트 접속이 없는 경우를 나타낸다. ② 단자 명칭은 다음과 같다.
절연 게이트, 인한스먼트 전계효과 트랜지스터 (단 게이트, N형 채널)	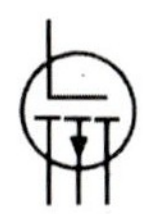	서브 스트레이트 접속이 없는 경우를 나타낸다.
절연 게이트, 인한스먼트형 전계효과 트랜지스터 (단 게이트, P형 채널)	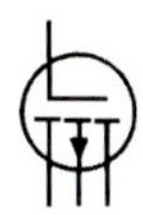	서브 스트레이트 접속을 인출한 경우를 나타낸다.
절연 게이트, 인한스먼트형 전계효과 트랜지스터(단 게이트, N형 채널)		서브 스트레이트는 내부에서 소스에 접속되어 있는 경우를 나타낸다.
절연게이트, 디플레이션형 전계효과 트랜지스터(단 게이트, P형 채널)	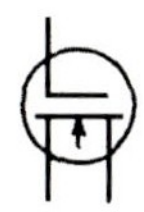	서브 스트레이트 접속이 없는 경우를 나타낸다.

명 칭	기 호	기 능
절연 게이트, 디플레이션형 전계효과 트랜지스터(단 게이트, P형 채널)	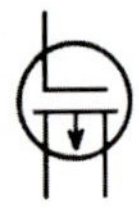	서브 스트레이트 접속이 없는 경우를 나타낸다.
절연 게이트 디플레이션형 전계효과 트랜지스터(쌍 게이트, P형 채널)		서브 스트레이트 접속을 인출할 경우를 나타낸다.
서미스터(직렬형)	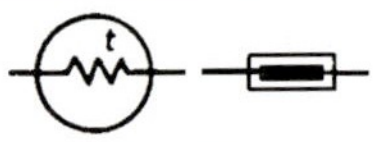	
서미스터(방열형)	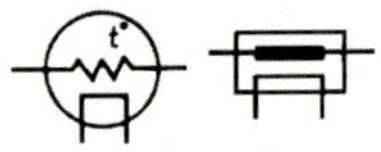	

2) 계전기류

명 칭	기 호	기 능
계전기 권선 (일 반)	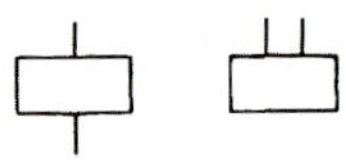	① 단권선이라는 것을 나타낼 필요가 있을 경우  ② 복권선이라는 것을 나타낼 필요가 있을 경우 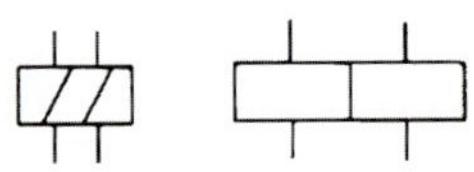 ③ 3권선 이상인 경우는 복권선을 분리하여 기입해도 된다.

찾아보기

INDEX

집필진(가나다 순)

고재성(광양보건대학교)	곽병준(호산대학교)	김갑중(송호대학교)
김상우(대원대학교)	김성후(마산대학교)	김장오(인제대학교)
김창규(김천대학교)	김창복(광주보건대학교)	김형균(김천대학교)
나길주(목포과학대학교)	문용규(전주비전대학교)	박영준(제주한라대학교)
서영현(동신대학교)	선종률(대전보건대학교)	안봉선(前대전보건대학교)
여진동(신경주대학교)	예수영(부산가톨릭대학교)	오왕균(백석문화대학교)
유신영(동강대학교)	이기백(충북보건과학대학교)	이상윤(동남보건대학교)
이석재(대구보건대학교)	이정훈(신한대학교)	이행기(수성대학교)
이효영(동의대학교)	이후민(동남보건대학교)	장경환(극동대학교)
제재용(동의과학대학교)	조병두(동서대학교)	최진영(선린대학교)

전기전자공학개론

2002년 3월 20일 초판 발행
2003년 3월 20일 2판 발행
2004년 3월 10일 2판2쇄 발행
2008년 3월 10일 3판 발행
2010년 3월 10일 3판2쇄 발행
2014년 3월 10일 3판3쇄 발행
2017년 3월 10일 4판 발행
2019년 3월 10일 5판 발행
2023년 3월 10일 6판 발행
2025년 3월 10일 7판 발행

지은이 / 전기전자공학 교재개발연구회
펴낸이 / 이상태
펴낸곳 / 청구문화사
주 소 / (03706) 서울특별시 서대문구 성산로11길 15
전 화 / 02) 332-0541(代) **팩 스** / 02) 337-9577
등 록 / 1990년 11월 2일 제9-247호

정가 25,000원

ISBN 978-89-5616-950-7 93510